記号の意味

$A, \mathcal{A}$ ベクトルポテンシャル
a 格子定数
a_0 ボーア半径 $a_0 = \hbar^2/me^2 = r_e/\alpha^2$
$\mathcal{B}$ 磁場
C 偏光因子 $C = \epsilon'^* \cdot \epsilon$
c 光速
D 状態密度
d 格子面間隔
$E, \mathcal{E}$ 電場
$\mathcal{E}$ エネルギー
e 電荷素量 ($e > 0$)
F 結晶構造因子
$\mathcal{F}$ 流束密度
f 原子構造因子
$g^{(2)}$ 強度相関関数
K 真空中の波数ベクトル $K = \omega/c$
k 物質中の波数ベクトル
$\mathcal{H}$ ハミルトニアン
h プランク定数 $\hbar = h/2\pi$
I 強度
$J, \mathcal{J}$ 電流密度
m 電子の静止質量
n 屈折率
$\mathcal{P}$ パワー
p 運動量演算子

q 非対称因子
r_e 古典電子半径 $r_e = e^2/mc^2$
$\mathcal{S}$ ポインティングベクトル
$\mathcal{T}$ 遷移演算子
v_c 単位格子の体積
w 遷移確率
w_D ダーウィン幅
Z 原子番号
α 微細構造定数 $1/\alpha = \hbar c/e^2$
$\boldsymbol{\alpha}$ 分極率
$\boldsymbol{\beta}$ 2次の非線形分極率
Γ 寿命の逆数 $\Gamma = 1/\tau$ または
   エネルギー幅
$\Delta f', \Delta f''$ 異常分散補正の実部と虚部
$\Delta\Omega$ 微小な立体角
ϵ 偏光ベクトル
θ_B ブラッグ角
λ 真空中の波長 $\lambda = 2\pi c/\omega$
μ 吸収係数
ρ 電子密度
σ 散乱や吸収の断面積
τ 寿命
χ 感受率
ω 角周波数

単位の換算

物理量	MKSA系	ガウス系	換算
エネルギー	$J = kg\ m^2\ s^{-2}$	$erg = g\ cm^2\ s^{-2}$	$1\ J = 10^7\ erg$
電位	$V = J\ /\ C$ $= kg\ m^2\ s^{-3}\ A^{-1}$	$statV = erg\ /\ statC$ $= g^{\frac{1}{2}}\ cm^{\frac{1}{2}}\ s^{-1}$	$1\ V =$ $1/299.8\ statV$
電荷	$C = s\ A$	$statC = statV\ cm$ $= g^{\frac{1}{2}}\ cm^{\frac{3}{2}}\ s^{-1}$	$1\ C =$ $2.998 \times 10^9\ statC$

Frontiers in Physics 14

X線の非線形光学
SPring-8とSACLAで拓く未踏領域

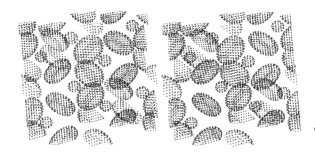

玉作賢治 [著]

基本法則から読み解く**物理学最前線**

須藤彰三 [監修]
岡 真

14

共立出版

刊行の言葉

　近年の物理学は著しく発展しています．私たちの住む宇宙の歴史と構造の解明も進んできました．また，私たちの身近にある最先端の科学技術の多くは物理学によって基礎づけられています．このように，人類に夢を与え，社会の基盤を支えている最先端の物理学の研究内容は，高校・大学で学んだ物理の知識だけではすぐには理解できないのではないでしょうか．

　そこで本シリーズでは，大学初年度で学ぶ程度の物理の知識をもとに，基本法則から始めて，物理概念の発展を追いながら最新の研究成果を読み解きます．それぞれのテーマは研究成果が生まれる現場に立ち会って，新しい概念を創りだした最前線の研究者が丁寧に解説しています．日本語で書かれているので，初学者にも読みやすくなっています．

　はじめに，この研究で何を知りたいのかを明確に示してあります．つまり，執筆した研究者の興味，研究を行った動機，そして目的が書いてあります．そこには，発展の鍵となる新しい概念や実験技術があります．次に，基本法則から最前線の研究に至るまでの考え方の発展過程を"飛び石"のように各ステップを提示して，研究の流れがわかるようにしました．読者は，自分の学んだ基礎知識と結び付けながら研究の発展過程を追うことができます．それを基に，テーマとなっている研究内容を紹介しています．最後に，この研究がどのような人類の夢につながっていく可能性があるかをまとめています．

　私たちは，一歩一歩丁寧に概念を理解していけば，誰でも最前線の研究を理解することができると考えています．このシリーズは，大学入学から間もない学生には，「いま学んでいることがどのように発展していくのか？」という問いへの答えを示します．さらに，大学で基礎を学んだ大学院生・社会人には，「自分の興味や知識を発展して，最前線の研究テーマにおける"自然のしくみ"を理解するにはどのようにしたらよいのか？」という問いにも答えると考えます．

　物理の世界は奥が深く，また楽しいものです．読者の皆さまも本シリーズを通じてぜひ，その深遠なる世界を楽しんでください．

須藤彰三

岡　真

まえがき

　研究の先達に話を伺ううちに何か新しいことをやるには10年は覚悟しなければならないことに薄々気づき始めた．余程の天才は別として見習いの研究者が独力で何かやるだけの技量を身につけた頃には，そのようなチャンスは1,2回であろう．結構大博打である．色々考えた末，X線領域で非線形光学を研究することにした．長らく気楽な独り旅状態であったが，X線自由電子レーザーを得て俄に研究者が増えてきた．競争はさておき分野が盛り上がってきて嬉しい限りである．この研究を始めて10年どころかすでに12年が過ぎた．今本書を仕上げてみると，もう少し先に進めなかったものかと思う．

　本書は式が多いが電磁気学と量子力学の初等的な知識があれば十分追えると思う．また基本的なところから出発しているので，X線の知識がなくても問題ないと思う．あるいは「最先端」の謳い文句から想像するよりかなり簡単に思えるかもしれない．ただしかなりの部分をガウス系で記した．ガウス系に不慣れな読者には物理量が違った装いで見えて面白いと思う．前半ではX線非線形光学に向けて必要な議論を展開した．またすでに良い教科書があるので少し違った切り口で書いてみた．高温超伝導体の光物性をやっていた経験や「現代の量子力学」(桜井純著)の序文などが多少影響した．後半のX線非線形光学のレビューはあまりきれいにせずに時系列を残した．なおこの部分は執筆時点での現状を著者の視点で切り取ったものである．シリーズの趣旨から止むを得ないが，この点は専門外の読者にはご注意頂きたい．同様の理由で本書では行間を楽しんで頂けるような工夫はしていない．書かれていることがすべてである．この分野に興味のある読者は本書の先に思考を巡らせて頂けたらと思う．昨今は軽薄短小を誘惑するかのような風潮が感じられる．しかし若い読者にはそのような風潮に流されずに進んで無門を叩いて頂きたくエールを送る次第である．

　本書の立案では高田昌樹先生（現東北大）に大変お世話になった．石川哲也先生にはいつ当たるとも知れない研究を長くサポートして頂いた．増原宏先

生（現台湾国立交通大學）には日本科学振興研究機構「さきがけ」により頓挫しかかっていた研究を立て直す機会を与えて頂いた．本書を書くにあたって澤田桂博士，柴田一範博士，原徹博士，亀島敬博士，浅井祥仁先生（東京大学）から専門的な部分で，井上伊知郎博士には全体を通じて学生目線でのコメントを頂いた．皆さんに深く感謝している．編集製作部の島田誠氏には度重なる締切延長でご迷惑をお掛けした．最後に本書を書く機会を与えて頂き，また丁寧に見て頂いたシリーズ監修の須藤彰三先生に御礼を申し上げる．

2017 年 1 月　　　　　　　　　　　　　　　　　　　　　　　　　玉作賢治

目　次

第1章　X線の非線形光学　　1

1.1　歴史的なこと 1
1.2　X線の非線形光学の面白さ 2

第2章　X線と物質の相互作用の基礎　　5

2.1　電磁波に対する物質の応答 5
　2.1.1　電場とベクトルポテンシャル 5
　2.1.2　電流密度と電場の関係 6
　2.1.3　分極率 8
　2.1.4　非線形な電流の場合 9
2.2　電流密度の計算 11
　2.2.1　電流密度の表式 11
　2.2.2　時間に依存する摂動 12
　2.2.3　ハミルトニアン 14
　2.2.4　1次摂動を受けた波動関数 15
　2.2.5　線形な電流密度 16
　2.2.6　双極子近似 17
　2.2.7　等方的な場合 18
　2.2.8　吸収と異常分散補正 20
2.3　2次の非線形性をもつ電流密度 21
　2.3.1　非線形電流を与える行列要素 21

	2.3.2 非線形電流密度の計算例	22
	2.3.3 2次の非線形分極率	23
2.4	散乱理論	25
	2.4.1 線形過程のファインマン図	25
	2.4.2 2次の非線形過程のファインマン図	27
2.5	古典論との対応	27

第3章　X線の散乱の基礎　　　　　　　　　　　　　　29

3.1	X線の散乱	29
	3.1.1 ボルン近似の散乱振幅	29
	3.1.2 微分散乱断面積	30
	3.1.3 電子による散乱と古典電子半径	31
	3.1.4 原子による散乱と原子散乱因子	32
3.2	結晶による散乱	33
	3.2.1 結晶の分極率	34
	3.2.2 格子のフーリエ変換と逆格子	34
	3.2.3 無限に大きい結晶	35
	3.2.4 単位構造のフーリエ変換と結晶構造因子	36
	3.2.5 有限サイズの結晶とラウエ関数	37
	3.2.6 熱振動の効果	38
	3.2.7 格子面と逆格子ベクトル	38
	3.2.8 ダイヤモンド型構造の結晶構造因子	40
3.3	ダーウィン流のX線回折理論	41
	3.3.1 ブラッグ反射	41
	3.3.2 ダーウィン流の考え方	42
	3.3.3 格子面の反射波	42
	3.3.4 格子面の透過波	44
	3.3.5 結晶の反射率と透過率	44
	3.3.6 一般の結晶の場合	46
	3.3.7 結晶の反射率曲線	46

3.3.8　ブラッグ反射の幅 48
　　　3.3.9　全反射 49
　3.4　X線の光学理論 49
　　　3.4.1　格子面の透過波の位相と屈折率 49
　　　3.4.2　全反射ミラー 51
　　　3.4.3　多層膜ミラー 52
　3.5　ラウエ流の動力学的X線回折理論 52
　　　3.5.1　ミクロなマクスウェルの方程式 52
　　　3.5.2　波動方程式 53
　　　3.5.3　結晶中の基本方程式 54
　　　3.5.4　分極率と感受率と局所場補正 55
　　　3.5.5　ブラッグ条件から遠い場合 56
　　　3.5.6　2波近似 56
　　　3.5.7　2波近似の分散面 57
　　　3.5.8　複屈折 58

第4章　基本的なX線光学系　　　　　　　　　　　　　　59

　4.1　X線光源 59
　　　4.1.1　蓄積リング 59
　　　4.1.2　X線自由電子レーザー 62
　　　4.1.3　光源比較 64
　4.2　光学素子 65
　　　4.2.1　分光器 65
　　　4.2.2　デュモンド図 66
　　　4.2.3　KBミラーによる集光 67
　　　4.2.4　分光測定 69
　4.3　検出器 71
　　　4.3.1　フォトダイオード 71
　　　4.3.2　シンチレーション検出器 74
　4.4　X線非線形結晶 74

	4.4.1 平面波光学系	75
	4.4.2 ダイヤモンド結晶の評価	76

第 5 章　非線形な散乱過程　　77

- 5.1 3つとも X 線の場合の 2 次の非線形分極率 77
  - 5.1.1 $\mathfrak{A}$ の計算 77
  - 5.1.2 $\mathfrak{B}$ の見積り 79
  - 5.1.3 反転対称性の影響 79
  - 5.1.4 結晶の 2 次の非線形分極率 80
  - 5.1.5 非線形分極率の大きさ 80
- 5.2 第 2 高調波発生 81
  - 5.2.1 電流密度 81
  - 5.2.2 第 2 高調波の波動方程式 82
  - 5.2.3 運動学的な解 83
  - 5.2.4 近似的な解 84
  - 5.2.5 位相整合と非線形回折 85
  - 5.2.6 動力学的な位相整合の可能性 87
  - 5.2.7 第 2 高調波発生の実験 87
- 5.3 X 線パラメトリック下方変換 88
  - 5.3.1 X 線パラメトリック下方変換の位相整合条件 88
  - 5.3.2 X 線パラメトリック下方変換の実験例 89
  - 5.3.3 X 線パラメトリック下方変換の展開 90

第 6 章　長波長領域への X 線パラメトリック下方変換　　93

- 6.1 回折限界 93
  - 6.1.1 波長と回折限界 93
  - 6.1.2 回折限界が与える制限 94
  - 6.1.3 回折限界を超える方法 95
- 6.2 アイドラーが長波長領域の場合の 2 次の非線形分極率 95

	6.2.1	$\mathfrak{U}$ の計算	96
	6.2.2	非線形分極率と局所光学応答	98
6.3	結合波動方程式		99
	6.3.1	電流密度と波動方程式	99
	6.3.2	パラメトリック下方変換の基本方程式	99
	6.3.3	位相整合の取り方	101
	6.3.4	結合波動方程式の解	102
	6.3.5	実験との比較	107
6.4	ファノ効果		110
	6.4.1	自動イオン化スペクトル	110
	6.4.2	ファノ効果の量子論	111
	6.4.3	コンプトン散乱とパラメトリック下方変換のファノ効果	113
6.5	X線非線形感受率の共鳴効果		116
	6.5.1	炭素のK吸収端でのパラメトリック下方変換	116
	6.5.2	規格化されたエネルギーの表式	118
	6.5.3	ロッキングカーブの解析結果	118
	6.5.4	非線形感受率の共鳴効果	119
6.6	ダイヤモンドの局所光学応答		120
	6.6.1	X線パラメトリック下方変換の逆格子ベクトル依存性	120
	6.6.2	線形感受率の再構成	121
	6.6.3	ローレンツ模型との比較	122
6.7	和周波発生の実験		123

第7章　非線形な吸収過程　　125

7.1	高強度X線と物質との相互作用		125
7.2	X線吸収の基礎		126
	7.2.1	水素様原子の吸収断面積	126
	7.2.2	吸収端近傍	129
	7.2.3	K殻ホール状態からの緩和	130
	7.2.4	緩和過程のカスケード	131

7.3 逐次的な2光子吸収 132
   7.3.1 K殻2重イオン化 132
   7.3.2 レート方程式 133
   7.3.3 パルス幅効果 135
   7.3.4 強度揺らぎの効果 136
   7.3.5 クリプトンのK殻2重イオン化実験 138
7.4 直接2光子吸収 139
   7.4.1 X線の直接2光子吸収断面積 140
   7.4.2 ゲルマニウムの直接2光子吸収実験 143
   7.4.3 電子配置ダイナミクスのシミュレーション 145
   7.4.4 パルスエネルギー依存性の解釈 147
   7.4.5 基底状態の直接2光子吸収分光 148
7.5 吸収の飽和と増大 148
   7.5.1 可飽和吸収 149
   7.5.2 X線レーザー 149
   7.5.3 共鳴による吸収増大 150

第8章 X線非線形光学の展望   151

8.1 既知の未踏領域 151
   8.1.1 "明るい"未来 151
   8.1.2 X線の量子光学 152
   8.1.3 基底状態を測定できる限界 153
   8.1.4 誘導過程が可能な強度 153
   8.1.5 ポンデロモーティブエネルギー 154
   8.1.6 シュウィンガー極限 154
8.2 真空の非線形光学 155
   8.2.1 光子-光子散乱 155
   8.2.2 光子-光子散乱実験 156

付録 159

- A.1 単位系について 159
- A.2 フーリエ変換 159
  - A.2.1 フーリエ変換の定義 159
  - A.2.2 畳み込み積分のフーリエ変換 160
  - A.2.3 パルス幅とスペクトル幅の関係 160
  - A.2.4 線幅と寿命の関係 160
- A.3 X線自由電子レーザーを使った研究の概要 ... 161

参考文献 163

索 引 169

第1章 X線の非線形光学

1.1 歴史的なこと

　非線形光学と言えばレーザーが欠かせない．実はこの研究を始めたのはX線レーザーができる10年近く前のことである．なぜX線の非線形光学がX線レーザーなしでできるかは後回しにして，少し歴史的なことに触れておきたい．図1.1に可視光領域のレーザー発振とその直後の非線形光学現象の発見の流れを年表に示す．メーザーからレーザーへの発展は自由電子レーザー (FEL, free-electron laser) がX線領域に到達するのと似ている．

　面白いことにX線領域の最初の非線形光学現象はX線レーザーが完成するはるか前の1970年に観測されている．その後も断続的に研究されてきたが，光源の制約により大きな進展は見られなかった．X線の非線形光学は数十年にわたって自明なフロンティアであり続けたわけである．

　著者が初めて，後に日本のX線自由電子レーザー SACLA(SPring-8 Angstrom

図 1.1　可視光領域のレーザーと非線形光学の発展と対比したX線領域．

Compact Free-Electron Laser) へとつながる研究会報告を見たのが 2000 年であった．当時は 1997 年に供用開始したばかりの SPring-8(Super Photon Ring 8 GeV) で手一杯で，その計画を自身と結びつけられなかった．これは多くの研究者にとっても同じであったように思う．X 線自由電子レーザーがもたらす可能性に気づき，X 線の非線形光学を考え始めたときには 2003 年になっていた．すでに SACLA の実証機となる SCSS(SPring-8 Compact SASE Source) の開発も始まっていた．しかしこの分野に参入する他の研究者はいなかった．この点は少しは鼻が利いたのかもしれない．そして本書の執筆時点で米国の LCLS(Linac Coherent Light Source)) [1] と日本の SACLA [2] の 2 つの X 線自由電子レーザーが稼働している．

1.2　X 線の非線形光学の面白さ

　1960 年代の基礎的な研究に始まる非線形光学の成功の歴史は X 線非線形光学の可能性に漠然とした根拠を与えている．非線形光学は物理学，化学，生物学の広い学術分野，産業界や医療，さらに日々の生活にまで浸透している．そして X 線を使った結晶構造解析，非破壊計測，元素識別は創薬や新物質の開発，空港の手荷物検査やレントゲン写真，分析など通じて幅広く利用されている．非線形光学の展開と X 線の有用性を考えれば X 線の非線形光学の将来性を期待しても間違いはなさそうに思われる．

　現代科学を取り巻く状況を考えれば X 線の非線形光学の応用展開は重要である．しかし実学重視の時勢とはいっても科学的に価値がなければ学問として成立しない．いわゆる非線形光学の単なる短波長版になるようでは学術的には面白くない．この点は同じ電磁波である X 線は不利である．例えば 2 次の非線形性をもつ物質があるとする．この物質は入力の 2 乗に比例した非線形な応答をする．この係数（非線形感受率）を $\chi^{(2)}$ とする．そして入力（電場）を $E\cos\omega t$ として応答（分極）$P(t)$ を考えてみる．これは式で，

$$P(t) = \chi^{(2)}(E\cos\omega t)^2 = \frac{\chi^{(2)}}{2}E^2\cos 2\omega t + \frac{\chi^{(2)}}{2}E^2 \qquad (1.1)$$

と書ける．第 1 項は入力の倍の角周波数で振動する第 2 高調波を発生させる．また第 2 項により静的な分極も発生する（光整流）．共に E^2 に比例する 2 次の

非線形光学現象である．この議論は ω の大きさによらない．つまり X 線でも可視光でも同じである．

しかし実際には本書の後半で X 線らしさがあることがわかる．それらをより良く理解するために著者の感じる X 線の面白さを説明しておきたい．最初は波長と原子の大きさの関係である．どの元素でも 1 番外側の軌道の電子にとって原子核は他の電子に遮蔽されて大体 $+e$ に見える．つまり原子の半径はどれも水素の原子半径（ボーア半径），

$$a_0 = \frac{\hbar^2}{me^2} = 0.53 \text{ Å} \tag{1.2}$$

程度と見なせる．鋼球を並べるように結晶を作ると原子間隔は $2a_0 \simeq 1$ Å 程度になる．このため X 線は結晶の構造を調べるのに適している（第 3 章）．またこのことが X 線の非線形光学に重要なことも第 5 章と第 6 章でわかる．

続いて K 殻（1s 軌道）の電子の束縛エネルギーと X 線の光子エネルギーを比較する．簡単のために 1s 電子 1 個の水素様原子で考える．このとき束縛エネルギーは，

$$\mathcal{E}_\mathrm{K} = \frac{Z^2 e^2}{2a_0} \tag{1.3}$$

と見積もれる[1]．Z は原子番号である．$\mathcal{E}_\mathrm{K}$ は元素によって水素 ($Z = 1$) の 13.6 eV から 100 keV 程度まで変化する．波長 $2a_0$ の光子エネルギー $hc/2a_0$ と等しくなる $\mathcal{E}_\mathrm{K}$ を計算すると，

$$Z = \sqrt{\frac{2\pi}{\alpha}} \simeq 29 \tag{1.4}$$

となる．これは銅にあたる．ここに微細構造定数 $\alpha = e^2/\hbar c = 1/137.036$ が現れるのは，a_0 も $\mathcal{E}_\mathrm{K}$ も共に電磁的な相互作用で決まるためである．

第 7 章で議論するように，X 線の吸収では光イオン化（光電離）できる最内殻からの寄与が支配的である．それで X 線は Z の小さい軽元素 (H, C, N, O) が主成分の生体を透過できる．一方で重金属では K,L 吸収端を使った元素選択的な測定ができる．このように X 線が内殻を励起することが X 線自由電子レーザーで大きな問題となる（第 7 章）．

最後に波長 $2a_0$ の光子エネルギーと電子の静止エネルギー mc^2 を比べると，

---

[1] 電磁波を吸収させて原子から電子を引きはがす（光イオン化する）ために必要な最低のエネルギーに相当する．

$$\frac{hc}{2a_0} = \pi\alpha mc^2 \simeq 0.023 mc^2 \qquad (1.5)$$

となる．再び微細構造定数が現れる．光子エネルギーが mc^2 より十分小さいとき電子による電磁波の散乱はトムソン (Thomson) 散乱になる．このため X 線は電子密度を見ることができる．そしてトムソン散乱を与える相互作用が X 線の非線形光学で重要なことも第 2 章でわかる．

このように X 線には波長が結晶の原子間隔に近いこと，光子エネルギーが金属元素の内殻電子の束縛エネルギーに近いこと，しかも光子エネルギーが高すぎず mc^2 より十分に小さいこと，という 3 つの特徴がある．これらは決して偶然ではなく，微細構造定数で美しく結びつけられている．X 線で非線形光学を研究する 1 つの理由は，これらがどのように姿を現すのか興味があるからである．

第2章 X線と物質の相互作用の基礎

X線の非線形光学を扱うためには物質との相互作用を理解しなければならない．X線も電磁波なので原理は可視光領域と変わらない．それでもX線の扱いには注意が必要である．1つは波長の短さである．可視光では結晶の単位格子より大きく，波長より小さな領域を考えられる．この領域内で平均化した物理量をもつ媒質との相互作用で記述できる．このような巨視的（マクロ）な描像は波長が原子サイズになるX線には適応できない．X線には物質が真空中に分布した電子に見える[1]．また可視光領域と違って双極子だけを取り出して非線形性を議論できない．そこで本章ではX線と物質の相互作用を微視的（ミクロ）に調べていく．線形な過程から始めて2次の非線形性を与える寄与まで導く．計算には量子力学の半古典論を使う．

2.1 電磁波に対する物質の応答

モノを見たり遠隔地と電波で通信できるのは，モノやアンテナの中で電子が運動して電磁波を放射するためである（図2.1）．電磁波と物質との相互作用を記述するには，それが物質中の電子にどのような運動をさせるかを知る必要がある．最初にX線を念頭に電場と電流の関係を議論する．

2.1.1 電場とベクトルポテンシャル

まず電場とそれを与えるベクトルポテンシャルを定義する．本書では波数ベクトル K，角周波数 ω の単色平面波の電場 (electric field) を，

---

[1] 放射性同位体では核励起に共鳴すると強い相互作用（核共鳴散乱）が起こるが，本書では扱わない．

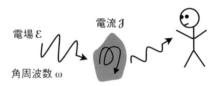

図 2.1 電磁波を照射すると電場により電子が運動して電流が生じる．この電流が放射した電磁波が観測される．

$$\mathcal{E}(\boldsymbol{r},t) = \frac{1}{2}\left\{\boldsymbol{E}(\boldsymbol{r},t) + \boldsymbol{E}^*(\boldsymbol{r},t)\right\} = \frac{1}{2}\left\{\boldsymbol{\epsilon} E_0 e^{i(\boldsymbol{K}\cdot\boldsymbol{r}-\omega t)} + \boldsymbol{\epsilon}^* E_0^* e^{-i(\boldsymbol{K}\cdot\boldsymbol{r}-\omega t)}\right\} \tag{2.1}$$

と書くことにする[2]．$\boldsymbol{\epsilon}$ は偏光を表す単位ベクトルである[3]．横波の電磁波を考えることにして，

$$\boldsymbol{\epsilon}\cdot\boldsymbol{K} = 0 \tag{2.2}$$

とする．この電場を与えるベクトルポテンシャルには任意性がある．本書では後の計算が簡単になるようにクーロンゲージ (Coulomb gauge)，

$$\nabla\cdot\boldsymbol{\mathcal{A}} = 0 \tag{2.3}$$

を採用して，

$$\boldsymbol{\mathcal{A}}(\boldsymbol{r},t) = \frac{1}{2}\left\{\boldsymbol{A}(\boldsymbol{r},t) + \boldsymbol{A}^*(\boldsymbol{r},t)\right\} = \frac{c}{2i\omega}\left\{\boldsymbol{\epsilon} E_0 e^{i(\boldsymbol{K}\cdot\boldsymbol{r}-\omega t)} - \boldsymbol{\epsilon}^* E_0^* e^{-i(\boldsymbol{K}\cdot\boldsymbol{r}-\omega t)}\right\} \tag{2.4}$$

と書くことにする．これは $\mathcal{E} = -\partial\mathcal{A}/c\partial t$ を満たす．

2.1.2 電流密度と電場の関係

次節では電磁波によって生じる電流密度 (current density) $\mathcal{J}$ を計算するが，2つの関係は単純ではない．電場により電子が動いて電流になるのでオーム (Ohm) の法則から $\mathcal{J} = \sigma\mathcal{E}$ のように書けそうである[4]．比例係数の σ は光学伝導度 (optical conductivity) と呼ばれる[5]．しかしこれは一般には正しくない．まず

---

[2] 他に 1/2 を付けずに電場を定義することもある．その場合は強度が 4 倍になる．
[3] 偏光ベクトルは複素数である．例えば $\boldsymbol{K}\parallel\boldsymbol{z}$ の左右円偏光は $\boldsymbol{\epsilon} = (1/\sqrt{2}, \pm i/\sqrt{2}, 0)$ と書ける．また内積は複素共役ととることに注意する．
[4] ガウス系では $[\mathcal{J}]$=statC/cm^{2}s，$[\mathcal{E}]$=statV/cm，$[\sigma]$=s^{-1}．付録 A.1 も参照のこと．
[5] 電気抵抗率の逆数である電気伝導度は電場と波数ベクトルが平行な縦波に対して使われる．厳密に言えば，これは横波に対する光学伝導度とは異なる．

必ずしも電場の向きに電流が流れるとは限らない．したがって係数はテンソル量になる．より複雑な問題は電流密度と電場の関係が時空間で非局所的な点である．これらは時間分散 (temporal dispersion) と空間分散 (spatial dispersion) と呼ばれる [6]．電子は原子核に束縛されているうえに質量をもっている．このため電場に対して運動が遅れて時間分散が生じる．また電子の波動関数は空間的に広がっているので離れた場所の電場の影響を受ける（空間分散）．結局ある時空点 (r',t') での電流密度は離れた点 (r,t) の影響を受けて，

$$\mathcal{J}(r',t') = \iint \sigma(r',r,t',t) \cdot \mathcal{E}(r,t) dr dt \tag{2.5}$$

という数式で表現できる．

上式は扱いづらいので物理的な考察のもとに簡略化していく．まず電磁波を照射している物質は定常状態にあるとする．時間の流れは一様なので σ は差 $t'-t$ だけに依存する．以下では式 (2.1) の片方だけ計算することにして，

$$\mathcal{J}(r',t') = \frac{1}{2}\left\{J(r',t') + J^*(r',t')\right\} \tag{2.6}$$

$$J(r',t') = \iint \sigma(r',r,t'-t) \cdot E(r,t) dr dt \tag{2.7}$$

と書き直せる．空間に関しては r' と r を別々に扱う．X線から見ると物質は一様ではないためである．

ここで上式を t' に関してフーリエ変換する [7]．畳み込み積分に注意して，

$$\tilde{J}(r',\omega) = \int \tilde{\sigma}(r',r,\omega) \cdot \tilde{E}(r,\omega) dr \tag{2.8}$$

を得る．

もう少し理解を深めるために式 (2.1) の形の単色平面波で考える．ただし波数ベクトルは K_0，角周波数は ω_0 とする．この重ね合わせで任意の波を表せるので以下の議論の一般性は失われない．$E(r,t)$ のフーリエ変換は，

$$\tilde{E}(r,\omega) = 2\pi E_0 e^{iK_0 \cdot r} \delta(\omega - \omega_0) \tag{2.9}$$

---

[6] 光をプリズムに通すと色ごとに「分散」する．屈折率が周波数に依存するためである．時間応答がデルタ関数的な場合は屈折率は定数になる．
[7] フーリエ変換した関数にはチルダ (〜) を付ける．本書では見やすいようにフーリエ変換で結ばれる物理量には同じ文字を使う．しかし次元は違うので注意がいる．文献 C4 の表記はより厳密である．本書のフーリエ変換の定義などは付録 A.2 を参照のこと．

$$\tilde{E}(K,\omega) = (2\pi)^4 E_0 \delta(K-K_0)\delta(\omega-\omega_0) \tag{2.10}$$

である．式 (2.8) を r' に関してフーリエ変換して，r の積分をすると，

$$\begin{aligned}\tilde{J}(K',\omega) &= 2\pi \int \tilde{\sigma}(K',r,\omega) \cdot E_0 e^{iK_0 \cdot r}\delta(\omega-\omega_0) dr \\ &= 2\pi\tilde{\sigma}(K',-K_0,\omega) \cdot E_0 \delta(\omega-\omega_0)\end{aligned} \tag{2.11}$$

と計算できる．さらに式 (2.10) を使うと，

$$\begin{aligned}\tilde{J}(K',\omega) &= \int \left\{2\pi\tilde{\sigma}(K',-K,\omega) \cdot E_0 \delta(\omega-\omega_0)\right\}\delta(K-K_0) dK \\ &= \frac{1}{(2\pi)^3}\int \tilde{\sigma}(K',-K,\omega) \cdot \tilde{E}(K,\omega) dK\end{aligned} \tag{2.12}$$

と積分で表せる．

伝導度が波数ベクトルの差で決まる場合

ここで $\tilde{\sigma}(K',-K,\omega)$ が波数ベクトルの差（散乱ベクトル）にのみ依存するような特別な場合を考える．このとき前式は，

$$\tilde{J}(K',\omega) = \frac{1}{(2\pi)^3}\int \tilde{\sigma}(K'-K,\omega) \cdot \tilde{E}(K,\omega) dK \tag{2.13}$$

となる．これは畳み込み積分だから空間の逆フーリエ変換により，

$$\tilde{J}(r,\omega) = \tilde{\sigma}(r,\omega) \cdot \tilde{E}(r,\omega) \tag{2.14}$$

と書き直せる．伝導度が時間差で決まるときに式 (2.8) の形になるのと同じである．

$\tilde{\sigma}(K'-K,\omega)$ のように波数ベクトルの差で書ける場合は電流密度と電場の関係が局所的なことがわかった．2.2.6 項でこの条件が妥当な近似のもとで満たされることを示す．空間に関して積で書けると波動方程式が扱いやすくなる．

2.1.3 分極率

オームの法則からわかるように伝導度は吸収を表す．これは X 線の光学を議論するには不便である．そこで $\omega \neq 0$ として，

$$\tilde{\boldsymbol{\sigma}}(\boldsymbol{r},\omega) = -i\omega\boldsymbol{\alpha}(\boldsymbol{r},\omega) \tag{2.15}$$

と $-i\omega$ で割った $\boldsymbol{\alpha}$ という量を導入する[8]．$\boldsymbol{\alpha}$ はマクロな電磁気学の分極率に対応するので，そのように呼ぶことにする．このとき式 (2.11) と式 (2.14) は，

$$\tilde{\boldsymbol{J}}(\boldsymbol{K}',\omega) = -2\pi i\omega\tilde{\boldsymbol{\alpha}}(\boldsymbol{K}',-\boldsymbol{K}_0,\omega)\cdot\boldsymbol{E}_0\delta(\omega-\omega_0) \tag{2.16}$$

$$\tilde{\boldsymbol{J}}(\boldsymbol{r},\omega) = -i\omega\boldsymbol{\alpha}(\boldsymbol{r},\omega)\cdot\tilde{\boldsymbol{E}}(\boldsymbol{r},\omega) \tag{2.17}$$

と書き直せる．

可視光のような長波長領域では電子の運動，つまり電流を分極電流と伝導電流に分けて考える．そして束縛電子は分極電流と分極率で，伝導電子は伝導電流と光学伝導度で扱う．しかし本章で見ていくように X 線領域では電子の役割ははっきり決まっていない．本書では分極率を用いるが，電流は区別せずに単に動いている電子として扱う．面白いことに，このあとの半古典論の範囲では主な寄与は伝導電流的に見える．ところが古典論や相対論的な描像では分極率の方が合っている．理論が対応するエネルギースケールが違うためと考えられる．この点については本章の最後（2.4.1 項）で簡単にふれる．

2.1.4 非線形な電流の場合

次に 2 次の非線形性がある場合に電流密度と電場の関係を議論する．このとき電場どうしの積から非線形な電流が生じる．これには 2 つの場合が考えられる．まず式 (1.1) で見た 1 つの電場による自己相互作用がある．そして 2 つの電場間の相互作用もある．例えば 2 つの電場成分がある場合，

$$\boldsymbol{\sigma}^{(2)}:(\mathcal{E}_1+\mathcal{E}_2)(\mathcal{E}_1+\mathcal{E}_2) = \boldsymbol{\sigma}^{(2)}:\mathcal{E}_1\mathcal{E}_1 + \boldsymbol{\sigma}^{(2)}:\mathcal{E}_2\mathcal{E}_2 + 2\boldsymbol{\sigma}^{(2)}:\mathcal{E}_1\mathcal{E}_2 \tag{2.18}$$

となる[9]．最初の 2 項が自己相互作用で，最後の項が 1 と 2 の間の相互作用である．このとき $\mathcal{E}_1\mathcal{E}_2$ には 2 倍の因子が掛かることを忘れてはいけない．

以下では $\mathcal{E}_1\mathcal{E}_2$ の形で計算する．自己相互作用の場合には添字を同じにして 2 倍の因子を除けばよい．線形の場合と同様に定常状態にあるとして，非線形

---

[8] $-i\omega$ を外に出すのは時間微分に対応する．
[9] 演算記号「:」は $(\boldsymbol{\sigma}^{(2)}:\mathcal{E}_1\mathcal{E}_2)_i = \sum_{jk}(\boldsymbol{\sigma}^{(2)})_{ijk}(\mathcal{E}_1)_k(\mathcal{E}_2)_j$ の意味である．なお物理過程を考えれば $\sigma^{(2)}_{ijk}$ は j と k の交換に対して不変なことがわかる．

な電流密度は,

$$\mathcal{J}(r',t') = \iiiint \sigma^{(2)}(r',r_1,r_2,t'-t_1,t'-t_2) : \mathcal{E}_1(r_1,t_1)\mathcal{E}_2(r_2,t_2)dr_1dr_2dt_1dt_2$$

と書ける.これを時間に関してフーリエ変換すると,

$$\tilde{\mathcal{J}}(r',\omega) = \frac{1}{2\pi}\iiint \tilde{\sigma}^{(2)}(r',r_1,r_2,\omega',\omega-\omega') : \tilde{\mathcal{E}}_1(r_1,\omega')\tilde{\mathcal{E}}_2(r_2,\omega-\omega')dr_1dr_2d\omega'$$

となる[10].$\mathcal{E}_{1,2}$ を角周波数 $\omega_{1,2}$ の単色波と仮定して ω' の積分を行うと,

$$\begin{aligned}\tilde{\mathcal{J}}(r',\omega) = \frac{\pi}{2}\iint dr_1dr_2 &\left\{\tilde{\sigma}^{(2)}(r',r_1,r_2,\omega_1,\omega_2) : E_1(r_1)E_2(r_2)\delta(\omega-\omega_1-\omega_2)\right.\\
&+ \tilde{\sigma}^{(2)}(r',r_1,r_2,-\omega_1,-\omega_2) : E_1^*(r_1)E_2^*(r_2)\delta(\omega+\omega_1+\omega_2)\\
&+ \tilde{\sigma}^{(2)}(r',r_1,r_2,\omega_1,-\omega_2) : E_1(r_1)E_2^*(r_2)\delta(\omega-\omega_1+\omega_2)\\
&\left.+ \tilde{\sigma}^{(2)}(r',r_1,r_2,-\omega_1,\omega_2) : E_1^*(r_1)E_2(r_2)\delta(\omega+\omega_1-\omega_2)\right\}\end{aligned}$$

を得る.最初の 2 項が和周波発生に,残りが差周波発生に寄与する.特に自己相互作用 ($\omega_1 = \omega_2$) のときは,それぞれ第 2 高調波発生と光整流を表す.

2.1.2 項と同様に上式の 1 項目と 3 項目だけを議論する.この 2 項を,

$$\tilde{\mathcal{J}}(r',\omega) = \frac{1}{2}\left\{\mathcal{F}_t[J(r',t')] + \mathcal{F}_t[J^*(r',t')]\right\} \quad (2.19)$$

と書いたときの最初の項に対応させる.$E_{1,2}(r)$ を波数ベクトル $K_{1,2}$ の平面波と仮定して,$r_{1,2}$ の積分を行い,r' に関してフーリエ変換をすると,

$$\begin{aligned}\tilde{J}(K',\omega) = &-i\pi\omega\tilde{\beta}(K',-K_1,-K_2,\omega_1,\omega_2) : E_1E_2\delta(\omega-\omega_1-\omega_2)\\
&-i\pi\omega\tilde{\beta}(K',-K_1,K_2,\omega_1,-\omega_2) : E_1E_2^*\delta(\omega-\omega_1+\omega_2)\end{aligned} \quad (2.20)$$

を得る.ここで式 (2.15) のように $\tilde{\sigma}^{(2)} = -i\omega\beta$ として 2 次の非線形性を与える分極率を導入した.上式を積分で表すと,例えば 1 行目なら,

$$\begin{aligned}\tilde{J}(K',\omega) = &-\frac{i\omega}{2(2\pi)^7}\iiint dK_1'dK_2'd\omega'\\
&\times \tilde{\beta}(K',-K_1',-K_2',\omega',\omega-\omega') : \tilde{E}_1(K_1',\omega')\tilde{E}_2(K_2',\omega-\omega')\end{aligned} \quad (2.21)$$

---

[10] $\sigma^{(2)}(t'-t_1,t'-t_2) = \int \sigma^{(2)}(t'-t_1,t''-t_2)\exp\{i\omega'(t'-t'')\}d\omega'/2\pi$ を使う.

となる.

非線形分極率が波数ベクトルの差で決まる場合

非線形分極率 $\tilde{\boldsymbol{\beta}}$ が波数ベクトルの差だけに依存して,

$$\tilde{\boldsymbol{\beta}}(\boldsymbol{K}', -\boldsymbol{K}_1, -\boldsymbol{K}_2, \omega', \omega - \omega') = \tilde{\boldsymbol{\beta}}(\boldsymbol{K}' - \boldsymbol{K}_1 - \boldsymbol{K}_2, \omega', \omega - \omega') \quad (2.22)$$

と書ける場合を考える. 上式を式 (2.21) に代入して空間について逆フーリエ変換すると,

$$\tilde{\boldsymbol{J}}(\boldsymbol{r},\omega) = -\frac{i\omega}{4\pi} \int \boldsymbol{\beta}(\boldsymbol{r},\omega',\omega-\omega') : \tilde{\boldsymbol{E}}_1(\boldsymbol{r},\omega')\tilde{\boldsymbol{E}}_2(\boldsymbol{r},\omega-\omega')d\omega' \quad (2.23)$$

となる. つまり式 (2.22) が成り立てば非線形な場合も空間については局所的な積で表せる. 特に単色の場合は式 (2.20) に対応する式は,

$$\begin{aligned}\tilde{\boldsymbol{J}}(\boldsymbol{r},\omega) = &- i\pi\omega\boldsymbol{\beta}(\boldsymbol{r},\omega_1,\omega_2) : \boldsymbol{E}_1(\boldsymbol{r})\boldsymbol{E}_2(\boldsymbol{r})\delta(\omega-\omega_1-\omega_2) \\ &- i\pi\omega\boldsymbol{\beta}(\boldsymbol{r},\omega_1,-\omega_2) : \boldsymbol{E}_1(\boldsymbol{r})\boldsymbol{E}_2^*(\boldsymbol{r})\delta(\omega-\omega_1+\omega_2) \end{aligned} \quad (2.24)$$

と表される. 線形の場合と同様に後の波動方程式の計算が容易になる.

2.2 電流密度の計算

X線と物質との相互作用は分極率で記述できる. しかし分極率は直接計算できない. そこで電場で誘起される電流密度の表式から分極率を導き出す. 以下の計算は原子を想定しているが, 結晶などにも適応できる.

2.2.1 電流密度の表式

まず原子内での電流密度の表式を求める. 速度 $\boldsymbol{v}$ をもつ 1 つの電子からの寄与は $\boldsymbol{j} = -e\boldsymbol{v}$ と書ける. e は電荷素量なので電子の電荷は $-e$ である. 電流密度は全電子の $\boldsymbol{j}$ を足し合わせればよい. このとき各電子の位置に注意する.

ある時刻 t における物質中の電子密度は,

$$\rho(\boldsymbol{r},t) = \sum_l \delta(\boldsymbol{r} - \boldsymbol{r}_l(t)) \quad (2.25)$$

と書ける．$r_l(t)$ は時刻 t での l 番目の電子の位置である．この電子の速度を $v_l(t)$ とすると電流密度は，

$$\mathcal{J}(r,t) = -e \sum_l \delta(r - r_l(t)) v_l(t) \tag{2.26}$$

と表せる．フーリエ変換すると，

$$\begin{aligned}
\tilde{\mathcal{J}}(K,\omega) &= \iint \mathcal{J}(r,t) e^{i(\omega t - K \cdot r)} dr dt \\
&= -e \sum_l \iint \delta(r - r_l(t)) v_l(t) e^{i(\omega t - K \cdot r)} dr dt \\
&\simeq -e \sum_l e^{-iK \cdot r_l} \int v_l(t) e^{i\omega t} dt \\
&= \sum_l e^{-iK \cdot r_l} \tilde{j}_l(\omega)
\end{aligned} \tag{2.27}$$

となる．途中で $r_l(t) = r_l$ と近似した．電子の移動する時間スケールが電磁波の振動に比べて十分遅いためである．最後の表式では位置に応じた遅延がかかった正しい位相で足し合わされている．なお，

$$\tilde{j}_l(\omega) = \int \{-e v_l(t)\} e^{i\omega t} dt \tag{2.28}$$

は l 番目の電子が作る電流のフーリエ変換である．

2.2.2 時間に依存する摂動

電磁波に対する物質の応答を求めるために時間に依存する摂動計算を行う．その準備としていくつかの基本的な手続きを復習しておく．今考えている系のハミルトニアン (Hamiltonian) を無摂動の項 $\mathcal{H}_0$ と時間に依存する摂動項 $\mathcal{H}'$ に分けて考える．またこの系の波動関数を $\Psi(r,t)$ とする．このとき時間に依存するシュレディンガー方程式 (Schrödinger equation) は，

$$i\hbar \frac{\partial \Psi(r,t)}{\partial t} = (\mathcal{H}_0 + \mathcal{H}') \Psi(r,t) \tag{2.29}$$

と書ける．以下では紙面を節約するためにディラック (Dirac) の表記法を使う．この表記ではシュレディンガー方程式と波動関数は，

$$i\hbar \frac{d|\Psi(t)\rangle}{dt} = (\hat{\mathcal{H}}_0 + \hat{\mathcal{H}}')|\Psi(t)\rangle \tag{2.30}$$

$$\Psi(\boldsymbol{r},t) = \langle \boldsymbol{r}|\Psi(t)\rangle \tag{2.31}$$

と表される．$|\Psi(t)\rangle$ を状態ベクトルと呼ぶ．この系での演算子 O の期待値は，

$$\langle O \rangle = \int \Psi^*(\boldsymbol{r},t) O \Psi(\boldsymbol{r},t) d\boldsymbol{r} = \langle \Psi(t)|\hat{O}|\Psi(t)\rangle \tag{2.32}$$

で与えられる．

まず無摂動系での方程式と状態ベクトルが，

$$i\hbar \frac{d|\Psi_n^{(0)}(t)\rangle}{dt} = \hat{\mathcal{H}}_0 |\Psi_n^{(0)}(t)\rangle \tag{2.33}$$

$$|\Psi_n^{(0)}(t)\rangle = |n\rangle \mathrm{e}^{-i\omega_n t} \tag{2.34}$$

と書けるとする．$|n\rangle$ は無摂動のシュレディンガー方程式でエネルギー固有値 $\hbar \omega_n$ をもつ固有状態である．すなわち，

$$\hat{\mathcal{H}}_0 |n\rangle = \hbar \omega_n |n\rangle \tag{2.35}$$

である．この固有状態は完全系をなし，

$$\langle l|n\rangle = \delta_{ln} \tag{2.36}$$

と規格直交化されているとする．

次に摂動論に従って擾乱を受けた系の状態ベクトルを，

$$|\Psi(t)\rangle = |\Psi^{(0)}(t)\rangle + |\Psi^{(1)}(t)\rangle + |\Psi^{(2)}(t)\rangle + \cdots \tag{2.37}$$

と展開する．このとき次数 N の状態ベクトルは，

$$i\hbar \frac{d|\Psi^{(N)}(t)\rangle}{dt} = \hat{\mathcal{H}}_0 |\Psi^{(N)}(t)\rangle + \hat{\mathcal{H}}' |\Psi^{(N-1)}(t)\rangle \tag{2.38}$$

を満たす．そして $|\Psi^{(N)}(t)\rangle$ は無摂動の状態ベクトルを使って，

$$|\Psi^{(N)}(t)\rangle = \sum_l a_l^{(N)}(t) |l\rangle \mathrm{e}^{-i\omega_l t} \tag{2.39}$$

と展開できる．上式を式 (2.38) に代入して，左から $\langle n|$ をかけると，

$$\frac{da_n^{(N)}(t)}{dt} = \frac{1}{i\hbar} \sum_l a_l^{(N-1)}(t) \langle n|\hat{\mathcal{H}}'|l\rangle \mathrm{e}^{i\omega_{nl}t} \tag{2.40}$$

が得られる．ここで，

$$\omega_{nl} = \omega_n - \omega_l \tag{2.41}$$

と略記した．最後に式 (2.40) を形式的に積分して，

$$a_n^{(N)}(t) = \frac{1}{i\hbar} \sum_l \int_0^t a_l^{(N-1)}(\tau) \langle n|\hat{\mathcal{H}}'|l\rangle \mathrm{e}^{i\omega_{nl}\tau} d\tau \tag{2.42}$$

を得る．上式と式 (2.39)，(2.37) から電磁波を受けた状態ベクトル $|\Psi(t)\rangle$ が必要な次数まで求まる．そして式 (2.32) から物質の応答 $\langle \boldsymbol{J} \rangle$ を計算できる．

2.2.3 ハミルトニアン

電磁場があるときの電子系のハミルトニアンはスピンを無視して，

$$\mathcal{H} = \sum_i \left[\frac{1}{2m} \left\{ \boldsymbol{p}_i + \frac{e}{c}\boldsymbol{\mathcal{A}}(\boldsymbol{r}_i,t) \right\}^2 + V(\boldsymbol{r}_i) \right] \tag{2.43}$$

と書ける．$\boldsymbol{p}_i$ と $\boldsymbol{r}_i$ は i 番目の電子の運動量と位置の演算子，V は原子核が作るクーロンポテンシャルである．なお電子間の相互作用は無視して 1 体問題として扱うことにする．上式を，

$$\mathcal{H}_0 = \sum_i \left\{ \frac{\boldsymbol{p}_i^2}{2m} + V(\boldsymbol{r}_i) \right\} \tag{2.44}$$

$$\mathcal{H}' = \sum_i \left\{ \frac{e}{mc}\boldsymbol{p}_i \cdot \boldsymbol{\mathcal{A}}(\boldsymbol{r}_i,t) + \frac{e^2}{2mc^2}\boldsymbol{\mathcal{A}}^2(\boldsymbol{r}_i,t) \right\} \tag{2.45}$$

のように無摂動項と摂動項に分ける[11]．ここで式 (2.3) より $\boldsymbol{p} \cdot \boldsymbol{\mathcal{A}} = \boldsymbol{\mathcal{A}} \cdot \boldsymbol{p}$ を

---

[11] この段階で長波長近似 ($\boldsymbol{K} \cdot \boldsymbol{r} \ll 1$) する計算を示す．原子が原点にあるとして $\boldsymbol{\mathcal{A}}(\boldsymbol{r},t) = \boldsymbol{\mathcal{A}}(t)\mathrm{e}^{i\boldsymbol{K}\cdot\boldsymbol{r}} \simeq \boldsymbol{\mathcal{A}}(t)$ とする．そして $\Psi(\boldsymbol{r},t) = \exp\{ie\boldsymbol{\mathcal{A}}(t) \cdot \boldsymbol{r}/\hbar\}\Phi(\boldsymbol{r},t)$ と変換する．このときシュレディンガー方程式 (2.29) に式 (2.43) のハミルトニアンを代入して $i\hbar d\Phi(\boldsymbol{r},t)/dt = \{\mathcal{H}_0 + e\boldsymbol{r} \cdot \boldsymbol{\mathcal{E}}(t)\}\Phi(\boldsymbol{r},t)$ と変形できる．つまり長波長近似での摂動は電場と双極子で，

$$\mathcal{H}'_\mathrm{d} = e\boldsymbol{r} \cdot \boldsymbol{\mathcal{E}} \tag{2.46}$$

と書ける（文献 E6）．物理量で表されてわかりやすい．だが X 線では使えない．

使った．以下では見やすくするために電子に関する和は省略する．

ベクトルポテンシャルの表式 (2.4) を用いて摂動項は以下のように書ける．

$$\mathcal{H}' = \frac{e}{2im\omega}\left\{\boldsymbol{\epsilon}\cdot\boldsymbol{p}E_0 e^{i(\boldsymbol{K}\cdot\boldsymbol{r}-\omega t)} - \boldsymbol{\epsilon}^*\cdot\boldsymbol{p}E_0^* e^{-i(\boldsymbol{K}\cdot\boldsymbol{r}-\omega t)}\right\}$$
$$-\frac{e^2}{8m\omega^2}\left\{\boldsymbol{\epsilon}\cdot\boldsymbol{\epsilon}E_0^2 e^{2i(\boldsymbol{K}\cdot\boldsymbol{r}-\omega t)} + \boldsymbol{\epsilon}^*\cdot\boldsymbol{\epsilon}^* E_0^{*2} e^{-2i(\boldsymbol{K}\cdot\boldsymbol{r}-\omega t)} - 2|E_0|^2\right\} \quad (2.47)$$

2.2.4　1 次摂動を受けた波動関数

これから線形な電流と 2 次の非線形性をもつ電流を計算する．これには式 (2.37) で $N = 2$ までの状態ベクトルが必要になる．しかし本書では扱う X 線の非線形光学現象では $N = 1$ まで取り込めば十分である．そこで以下では 1 次摂動を受けた波動関数の表式を導く．2 次摂動に関しては 2.3.2 項に結果の一部を示す．

まず無摂動状態で系は基底状態 g にあるとする．つまり $N = 0$ の係数は，

$$a_n^{(0)} = \delta_{ng} \quad (2.48)$$

である．次の $N = 1$ の項の係数は上式と式 (2.47) を式 (2.42) に代入して，

$$a_n^{(1)}(t) = \frac{1}{i\hbar}\int_0^t d\tau \left[\frac{e}{2im\omega}\left\{\langle n|\boldsymbol{\epsilon}\cdot\hat{\boldsymbol{p}}e^{i\boldsymbol{K}\cdot\hat{\boldsymbol{r}}}|g\rangle E_0 e^{i(\omega_{ng}-\omega)\tau}\right.\right.$$
$$\left.-\langle n|\boldsymbol{\epsilon}^*\cdot\hat{\boldsymbol{p}}e^{-i\boldsymbol{K}\cdot\hat{\boldsymbol{r}}}|g\rangle E_0^* e^{i(\omega_{ng}+\omega)\tau}\right\}$$
$$\left.-\frac{e^2}{8m\omega^2}e^{i\omega_{ng}\tau}\left\{\langle n|\boldsymbol{\epsilon}\cdot\boldsymbol{\epsilon}E_0^2 e^{2i(\boldsymbol{K}\cdot\hat{\boldsymbol{r}}-\omega\tau)} + \text{h.c.}|g\rangle - 2|E_0|^2\delta_{ng}\right\}\right] \quad (2.49)$$

と求まる．途中で直交性 $\langle n|g\rangle = \delta_{ng}$ を使った．h.c. はエルミート共役である．1 次摂動で求まった上式を見ると E_0 に比例する項と E_0 の 2 乗に比例する項があることがわかる．前者は $\mathcal{H}'$ の $\boldsymbol{p}\cdot\boldsymbol{A}$ の項に，後者は $\boldsymbol{A}^2$ に起因する．

線形の電流を計算するので E_0 に比例する項のみを考える．上式の初めの 2 行を時間積分して，

$$a_n^{(1,p\mathcal{A})}(t) = \frac{ie}{2m\hbar\omega}\left[\frac{\langle n|\boldsymbol{\epsilon}\cdot\hat{\boldsymbol{p}}e^{i\boldsymbol{K}\cdot\hat{\boldsymbol{r}}}|g\rangle E_0\left\{e^{i(\omega_{ng}-\omega)t}-1\right\}}{\omega_{ng}-\omega}\right.$$
$$\left.-\frac{\langle n|\boldsymbol{\epsilon}^*\cdot\hat{\boldsymbol{p}}e^{-i\boldsymbol{K}\cdot\hat{\boldsymbol{r}}}|g\rangle E_0^*\left\{e^{i(\omega_{ng}+\omega)t}-1\right\}}{\omega_{ng}+\omega}\right] \quad (2.50)$$

と計算できる．この章では定常状態での応答を考えるので $t=0$ から生じる分子の -1 の項は無視する．これは第 7 章の吸収の計算では必要になる．

最後に上式と式 (2.48) を式 (2.39) に代入して摂動を受けた状態ベクトルが E_0 の 1 次までで以下のように求まる．

$$|\Psi(t)\rangle = |\Psi^{(0)}(t)\rangle + |\Psi^{(1,p\mathcal{A})}(t)\rangle \tag{2.51}$$

$$|\Psi^{(0)}(t)\rangle = |g\rangle e^{-i\omega_g t} \tag{2.52}$$

$$|\Psi^{(1,p\mathcal{A})}(t)\rangle = \sum_n a_n^{(1,p\mathcal{A})}(t)|n\rangle e^{-i\omega_n t} \tag{2.53}$$

2.2.5 線形な電流密度

上で求めた状態ベクトルを使って電流密度の期待値の表式を求める．ベクトルポテンシャルがあるときの電子の運動量は $\bm{p}+(e/c)\bm{\mathcal{A}}$ である．スピンを無視すれば電流密度の演算子は，

$$\bm{j} = -\frac{e}{m}\left\{\bm{p} + \frac{e}{c}\bm{\mathcal{A}}(\bm{r},t)\right\} \tag{2.54}$$

と書ける [12]．上式と式 (2.27) より電流密度のフーリエ変換の期待値は，

$$\tilde{\bm{j}}(\bm{K}',\omega') = \int \langle\Psi(t)|e^{-i\bm{K}'\cdot\hat{\bm{r}}}\left(-\frac{e}{m}\right)\left\{\hat{\bm{p}} + \frac{e}{c}\bm{\mathcal{A}}(\hat{\bm{r}},t)\right\}|\Psi(t)\rangle e^{i\omega' t}dt \tag{2.55}$$

となる．なお電子に関する和は省略してある．これを計算すると電流密度と電場を結びつける式 (2.16) に対応する表式，

$$\begin{aligned}\tilde{\bm{j}}(\bm{K}',\omega') =\ & -i\omega\tilde{\bm{\alpha}}(\bm{K}',-\bm{K},\omega)\cdot\bm{\epsilon}\frac{E_0}{2}\{2\pi\delta(\omega'-\omega)\}\\ & +i\omega\tilde{\bm{\alpha}}(\bm{K}',\bm{K},-\omega)\cdot\bm{\epsilon}^*\frac{E_0^*}{2}\{2\pi\delta(\omega'+\omega)\}\end{aligned} \tag{2.56}$$

が得られる．求めたい分極率は，

---

[12] 確率の流れ (probability flux) から作った下記の演算子でもよい．

$$\bm{j}(\bm{r}) = \frac{e\hbar}{2im}\left\{\delta(\bm{r}-\bm{r}')\bm{\nabla}_{\bm{r}'} + \bm{\nabla}_{\bm{r}'}\delta(\bm{r}-\bm{r}')\right\} - \frac{e^2}{mc}\delta(\bm{r}-\bm{r}')\bm{\mathcal{A}}(\bm{r}')$$

$$\tilde{\boldsymbol{\alpha}}(\boldsymbol{K}', -\boldsymbol{K}, \omega) \cdot \boldsymbol{\epsilon} = \frac{e^2}{m^2\hbar\omega^2} \sum_n \left(\frac{\langle g|\mathrm{e}^{-i\boldsymbol{K}'\cdot\hat{\boldsymbol{r}}}\hat{\boldsymbol{p}}|n\rangle\langle n|\boldsymbol{\epsilon}\cdot\hat{\boldsymbol{p}}\mathrm{e}^{i\boldsymbol{K}\cdot\hat{\boldsymbol{r}}}|g\rangle}{\omega_{ng}-\omega} \right.$$
$$\left. + \frac{\langle g|\mathrm{e}^{i\boldsymbol{K}\cdot\hat{\boldsymbol{r}}}\boldsymbol{\epsilon}\cdot\hat{\boldsymbol{p}}|n\rangle\langle n|\mathrm{e}^{-i\boldsymbol{K}'\cdot\hat{\boldsymbol{r}}}\hat{\boldsymbol{p}}|g\rangle}{\omega_{ng}+\omega} \right) - \boldsymbol{\epsilon}\frac{e^2}{m\omega^2}\tilde{\rho}(\boldsymbol{K}'-\boldsymbol{K}) \quad (2.57)$$

である．第 3 項の計算では，

$$\begin{aligned}
\langle g|\mathrm{e}^{i(\boldsymbol{K}-\boldsymbol{K}')\cdot\hat{\boldsymbol{r}}}|g\rangle &= \int d\boldsymbol{r}' \langle g|\boldsymbol{r}'\rangle\langle \boldsymbol{r}'|\mathrm{e}^{i(\boldsymbol{K}-\boldsymbol{K}')\cdot\hat{\boldsymbol{r}}}|g\rangle \\
&= \int d\boldsymbol{r}' |\langle \boldsymbol{r}'|g\rangle|^2 \mathrm{e}^{i(\boldsymbol{K}-\boldsymbol{K}')\cdot\boldsymbol{r}'} \\
&= \int d\boldsymbol{r}' \rho(\boldsymbol{r}') \mathrm{e}^{-i(\boldsymbol{K}'-\boldsymbol{K})\cdot\boldsymbol{r}'} \\
&= \tilde{\rho}(\boldsymbol{K}'-\boldsymbol{K})
\end{aligned} \quad (2.58)$$

とした．$\rho(\boldsymbol{r}) = |\langle \boldsymbol{r}|g\rangle|^2$ は無摂動状態での電子密度分布である．

$\tilde{\boldsymbol{\alpha}}$ を成分で書くと，式 (2.57) の $\boldsymbol{\epsilon}$ の場所に注意して，

$$\tilde{\alpha}_{\mu\nu}(\boldsymbol{K}', -\boldsymbol{K}, \omega) = \frac{e^2}{m^2\hbar\omega^2} \sum_n \left(\frac{\langle g|\mathrm{e}^{-i\boldsymbol{K}'\cdot\hat{\boldsymbol{r}}}\hat{p}_\mu|n\rangle\langle n|\hat{p}_\nu \mathrm{e}^{i\boldsymbol{K}\cdot\hat{\boldsymbol{r}}}|g\rangle}{\omega_{ng}-\omega} \right.$$
$$\left. + \frac{\langle g|\mathrm{e}^{i\boldsymbol{K}\cdot\hat{\boldsymbol{r}}}\hat{p}_\nu|n\rangle\langle n|\mathrm{e}^{-i\boldsymbol{K}'\cdot\hat{\boldsymbol{r}}}\hat{p}_\mu|g\rangle}{\omega_{ng}+\omega} \right) - \delta_{\mu\nu}\frac{e^2}{m\omega^2}\tilde{\rho}(\boldsymbol{K}'-\boldsymbol{K}) \quad (2.59)$$

となる．なお $\mu, \nu = x, y, z$ である．

2.2.6 双極子近似

ここからは X 線領域と比較的軽い元素に議論を限定する．このとき前式の $\sum(\cdots)$ の中身を簡単にできる．まず和の中に現れる分子の指数 $\boldsymbol{K}\cdot\boldsymbol{r}$ の大きさを見積もる．最初の項は分母の $\omega_{ng}-\omega$ が小さくなる共鳴条件下で重要になることがわかる．そこで例として 1s 電子の光イオン化が始まる K 吸収端で共鳴する場合を考える．つまり $\mathcal{E}_K = \hbar\omega = \hbar Kc$ だから式 (1.3) より，

$$\hbar Kc = \frac{Z^2 e^2}{2a_0} \quad (2.60)$$

である．また K 殻の電子雲の広がりは，

程度である．これら2式から，

$$\langle \boldsymbol{K}\cdot\boldsymbol{r}\rangle \sim Ka = \frac{Z\alpha}{2} \sim \frac{Z}{274} \tag{2.62}$$

であることがわかる．比較的軽い元素では $\langle \boldsymbol{K}\cdot\boldsymbol{r}\rangle \ll 1$ となって式 (2.59) で $\mathrm{e}^{i\boldsymbol{K}\cdot\hat{\boldsymbol{r}}} = 1$ と近似できる．このとき分子の行列要素に関して，

$$\langle n|\hat{p}_\nu \mathrm{e}^{i\boldsymbol{K}\cdot\hat{\boldsymbol{r}}}|g\rangle \simeq \langle n|\hat{p}_\nu|g\rangle = \frac{m}{i\hbar}\langle n|[\hat{r}_\nu,\mathcal{H}_0]|g\rangle = \frac{m}{i\hbar}\langle n|\hat{r}_\nu\hbar\omega_g - \hbar\omega_n\hat{r}_\nu|g\rangle$$
$$= im\omega_{ng}\langle n|\hat{r}_\nu|g\rangle \tag{2.63}$$

という電気双極子近似の表式が得られる[13]．ここで交換関係 $[r_\nu, \mathcal{H}_0] = i\hbar p_\nu/m$ を使った．

上式を使って式 (2.59) の分子は，例えば第1項なら $\langle g|\hat{r}_\mu|n\rangle\langle n|\hat{r}_\nu|g\rangle$ と簡単にできる．つまり双極子近似のもとでは式 (2.59) の始めの2項は波数ベクトルに依存しない．したがって $\tilde{\alpha}$ は散乱ベクトル $\boldsymbol{S} = \boldsymbol{K}' - \boldsymbol{K}$ で決まり，

$$\tilde{\alpha}_{\mu\nu}(\boldsymbol{K}', -\boldsymbol{K}, \omega) = \tilde{\alpha}_{\mu\nu}(\boldsymbol{S}, \omega) \tag{2.64}$$

と書ける．本書では双極子近似を使って式 (2.14) により電流密度と電場の関係を局所的に扱うことにする．

2.2.7 等方的な場合

原子を球対称と見なして分極率の表式をさらに簡単にする．結合による小さな変化を無視すれば物質中の原子も同様である．等方的なので分極率は，

---

[13] 双極子近似について少し補足しておく．最初に長波長近似した p.14 の脚注の式 (2.46) で行列要素を計算すると，

$$\langle n|\hat{\mathcal{H}}'_\mathrm{d}|g\rangle = \frac{e}{2}\left(\langle n|\boldsymbol{\epsilon}\cdot\hat{\boldsymbol{r}}|g\rangle E_0 \mathrm{e}^{-i\omega t} - \langle n|\boldsymbol{\epsilon}^*\cdot\hat{\boldsymbol{r}}|g\rangle E_0^* \mathrm{e}^{i\omega t}\right)$$

となる．次に本文のように $\boldsymbol{p}\cdot\boldsymbol{A}$ で計算して最後に双極子近似してみる．式 (2.47) の1行目を $\hat{\mathcal{H}}'_{pA}$ として式 (2.63) を使うと，

$$\langle n|\hat{\mathcal{H}}'_{pA}|g\rangle = \frac{e}{2}\frac{\omega_{ng}}{\omega}\left(\langle n|\boldsymbol{\epsilon}\cdot\hat{\boldsymbol{r}}|g\rangle E_0 \mathrm{e}^{-i\omega t} - \langle n|\boldsymbol{\epsilon}^*\cdot\hat{\boldsymbol{r}}|g\rangle E_0^* \mathrm{e}^{i\omega t}\right)$$

となる．同じ双極子近似のつもりが ω_{ng}/ω 倍異なる [3]．なお後でフェルミの黄金則に $\hat{\mathcal{H}}'_{pA}$ を使うときは $\delta(\omega_{ng} - \omega)$ がつくので計算上問題ない．

$$\tilde{\alpha}_{\mu\nu}(\boldsymbol{S},\omega) = \tilde{\alpha}(\boldsymbol{S},\omega)\delta_{\mu\nu} \tag{2.65}$$

とスカラーで書ける．

余談になるが，波動関数の非等方性を利用して電子の状態を調べられる．例えば強相関電子系では 3d 電子が軌道整列する物質が知られている．このとき非等方性により分極率テンソルは有限の非対角項をもつ．そして直線偏光が楕円偏光になるような散乱が起こる [14]．共鳴 ($\omega = \omega_{ng}$) を使えば小さな非対角成分でも測定可能な信号が得られる．

最後に振動子強度，

$$f_{ng} = \frac{2m\omega_{ng}}{\hbar}|\langle n|\hat{x}|g\rangle|^2 \tag{2.66}$$

を導入する．振動子強度には総和則があり，1 つの電子に対して，

$$\sum_n f_{ng} = 1 \tag{2.67}$$

となる [15]．振動子強度を使って分極率は，

$$\tilde{\alpha}(\boldsymbol{S},\omega) = \frac{e^2}{m\omega^2}\sum_n \frac{\omega_{ng}^2 f_{ng}}{\omega_{ng}^2 - \omega^2} - \frac{e^2}{m\omega^2}\tilde{\rho}(\boldsymbol{S}) \tag{2.68}$$

と書ける．

ここで長波長 ($\boldsymbol{K} \simeq 0$) を仮定して光物性で見慣れた表式との関係を見ておく．上式で $\omega_{ng}^2/(\omega_{ng}^2 - \omega^2) = 1 + \omega^2/(\omega_{ng}^2 - \omega^2)$ を使うと，

$$\tilde{\alpha}(0,\omega) = \frac{e^2}{m}\sum_n \frac{f_{ng}}{\omega_{ng}^2 - \omega^2} + \frac{e^2}{m\omega^2}\left\{\sum_n f_{ng} - \tilde{\rho}(0)\right\} = \frac{e^2}{m}\sum_n \frac{f_{ng}}{\omega_{ng}^2 - \omega^2}$$

と計算できる．ただし原子番号 Z の原子で $\sum_n f_{ng} = \tilde{\rho}(0) = Z$ となることを使った．これはローレンツ模型 (Lorentz model) の表式に相当する．X 線の領

---

[14] この場合の非対角項は対称 ($\tilde{\alpha}_{\mu\nu} = \tilde{\alpha}_{\nu\mu}$) である．本書で無視した磁気的な寄与を考えると，$\tilde{\alpha}_{\mu\nu} = -\tilde{\alpha}_{\nu\mu}$ の反対称成分が現れる．

[15] 式 (2.63) より $im\omega_{ng}\langle n|\hat{x}|g\rangle = \langle n|\hat{p}_x|g\rangle$ である．これと $\omega_{ng} = -\omega_{gn}$, $[\hat{x},\hat{p}_x] = i\hbar$, $\sum_n |n\rangle\langle n| = 1$ などより以下が示される．

$$\sum_n \omega_{ng}|\langle n|\hat{x}|g\rangle|^2 = \frac{1}{2im}\sum_n \left(-\langle g|\hat{p}_x|n\rangle\langle n|\hat{x}|g\rangle + \langle g|\hat{x}|n\rangle\langle n|\hat{p}_x|g\rangle\right)$$
$$= \frac{1}{2im}\langle g|\hat{x}\hat{p}_x - \hat{p}_x\hat{x}|g\rangle = \frac{\hbar}{2m}.$$

域では式 (2.68) のように自由電子的な第 2 項に対して，束縛されている効果（第 1 項）が補正されている．また最初に式 (2.46) の双極子近似を使ってしまうと $\boldsymbol{S}$ 依存性が消えてしまう．

2.2.8 吸収と異常分散補正

分極率を与える式 (2.68) の第 1 項は $\omega = \omega_{ng}$ で発散してしまう．この発散は今まで無視してきた吸収を考えると抑えられる．ここでは吸収により励起状態にいる確率が時間とともに増えていくと考える．つまり現象論的に n 番目の状態が $\mathrm{e}^{\Gamma_n t}$ で増えていくとする．これには摂動計算の式 (2.39) で，

$$\omega_l \to \omega_l + \frac{i}{2}\Gamma_l \tag{2.69}$$

と置き換えればよい．これまでの計算をすべてやり直して，式 (2.68) は，

$$\tilde{\alpha}(\boldsymbol{S},\omega) = \frac{e^2}{m\omega^2}\sum_n \frac{\omega_{ng}^2 f_{ng}}{\omega_{ng}^2 + \Gamma_n^2/4 - \omega^2 - i\omega\Gamma_n} - \frac{e^2}{m\omega^2}\tilde{\rho}(\boldsymbol{S}) \tag{2.70}$$

$$= -\frac{e^2}{m\omega^2}\left\{\tilde{\rho}(\boldsymbol{S}) - \Delta f'(\omega) - i\Delta f''(\omega)\right\} \tag{2.71}$$

と修正される．ここで $\Delta f'$ と $\Delta f''$ を異常分散補正 (anomalous dispersion corrections) と呼ぶ[16]．これらは $\tilde{\rho}$ と同じように電子数に関連する．分極率と電導度を関係付ける式 (2.15) からわかるように虚部の $\Delta f''$ が吸収を表す．

吸収のミクロな取扱いは第 7 章で議論することにして結論だけ見ておく．図 2.2(a) のように 2 準位系や古典的な振動子と見なせる場合は図 2.2(b) のような振る舞いを示す．このとき $\hbar\Gamma_n$ が準位の幅を決める．光物性に出てくる離散準位や伝導帯への励起と似た形状をしている．一方で X 線の吸収は図 2.2(c) のように真空の連続状態への励起になる[17]．このとき異常分散補正のスペクトル形状は離散準位の場合と大きく異なる．特に虚部 ($\Delta f''$) のスペクトルには図 2.2(d) のように吸収の下限に飛びが現れる．これを吸収端 (absorption edge) と呼ぶ．$\Delta f''$ は吸収端より上の広範囲に影響する．銅は $Z = 29$ なので $\Delta f'$ の寄与は吸収端近傍以外では比較的小さいことがわかる．

---

[16] ω^{-2} による正常な分散に補正を与える．異常分散の呼び名はプリズムにすると色の順番が "異常" になることに由来する．レンズの色収差補正に使える．

[17] 電子系を量子化した効果である．

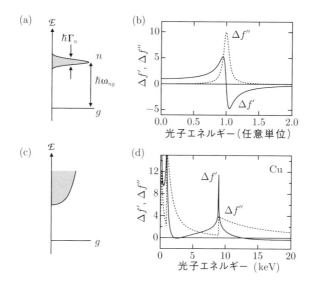

図 2.2 異常分散補正の光子エネルギー依存性. (a) のような離散準位の場合には (b) のようなローレンツ型になる. 見やすくするために $\Gamma_n = 0.1\omega_{ng}$ と大きな値にした. X 線の場合には (c) のように真空中の連続状態への励起になる. (d) は銅 ($Z = 29$) の異常分散補正 [4]. 虚部 ($\Delta f''$) に吸収端が現れる.

2.3　2 次の非線形性をもつ電流密度

　高次の摂動を取り込んで電流密度を計算すれば線形の場合と同様にして非線形分極率の表式が求まる. この計算は次数が上がると急激に煩雑になっていく. そこで後の章で必要な 2 次の効果だけを計算する.

2.3.1　非線形電流を与える行列要素

　波数ベクトルと角周波数がそれぞれ K_1, ω_1 と K_2, ω_2 である 2 つの電磁波を考える. これらと物質との非線形な相互作用によって生じる K_3, ω_3 をもつ電流密度 $\mathcal{J}_3$ を計算する. 以下では和周波発生の場合,

$$\omega_3 = \omega_1 + \omega_2 \tag{2.72}$$

を考える. 2 つの電磁波があるので摂動項の式 (2.45) は,

$$\mathcal{H}' = \frac{e}{mc}\boldsymbol{p} \cdot \{\mathcal{A}_1(\boldsymbol{r},t) + \mathcal{A}_2(\boldsymbol{r},t)\} + \frac{e^2}{2mc^2}\{\mathcal{A}_1(\boldsymbol{r},t) + \mathcal{A}_2(\boldsymbol{r},t)\}^2 \tag{2.73}$$

となる．ベクトルポテンシャルは式 (2.4) の形で与えられる．

線形の電流密度の表式 (2.55) と同様にして，

$$\tilde{\mathcal{J}}_3(\boldsymbol{K}_3, \omega_3) = \int \langle \Psi(t)|\mathrm{e}^{-i\boldsymbol{K}_3\cdot\hat{\boldsymbol{r}}} \left(-\frac{e}{m}\right) \left[\hat{\boldsymbol{p}} + \frac{e}{c}\{\boldsymbol{\mathcal{A}}_1(\hat{\boldsymbol{r}},t) + \boldsymbol{\mathcal{A}}_2(\hat{\boldsymbol{r}},t)\}\right] |\Psi(t)\rangle \mathrm{e}^{i\omega_3 t} dt \quad (2.74)$$

を計算する．これには 2 次の摂動を受けた状態ベクトルまで必要になる．式 (2.51) より 2 つ増えて

$$|\Psi(t)\rangle = \sum_n \left\{ \delta_{ng} + a_n^{(1,p\mathcal{A})}(t) + a_n^{(1,\mathcal{A}^2)}(t) + a_n^{(2,p\mathcal{A}p\mathcal{A})}(t) \right\} |n\rangle \mathrm{e}^{-i\omega_n t} \quad (2.75)$$

と $\boldsymbol{p}\cdot\boldsymbol{\mathcal{A}}$ の 2 次と $\boldsymbol{\mathcal{A}}^2$ の 1 次まで考えなければならない．上式の波動関数を求めて愚直に期待値を計算するには紙面が限られている．そこで以下に代表的な項の計算を示す．

式 (2.74) に含まれる行列要素のうち $\omega_3 = \omega_1 + \omega_2$ を満たす項だけ取り出すと，

$$\langle \Psi^{(0)}(t)|\mathrm{e}^{-i\boldsymbol{K}_3\cdot\hat{\boldsymbol{r}}} \left(-\frac{e}{m}\right) \frac{e}{c} \boldsymbol{\mathcal{A}}_2^-(\hat{\boldsymbol{r}},t)|\Psi^{(1,p A_1^-)}(t)\rangle \quad (2.76)$$

$$\langle \Psi^{(0)}(t)|\mathrm{e}^{-i\boldsymbol{K}_3\cdot\hat{\boldsymbol{r}}} \left(-\frac{e}{m}\right) \hat{\boldsymbol{p}}|\Psi^{(1,A_1^- A_2^-)}(t)\rangle \quad (2.77)$$

$$\langle \Psi^{(0)}(t)|\mathrm{e}^{-i\boldsymbol{K}_3\cdot\hat{\boldsymbol{r}}} \left(-\frac{e}{m}\right) \hat{\boldsymbol{p}}|\Psi^{(2,p A_1^- p A_2^-)}(t)\rangle \quad (2.78)$$

$$\langle \Psi^{(1,p A_1^+)}(t)|\mathrm{e}^{-i\boldsymbol{K}_3\cdot\hat{\boldsymbol{r}}} \left(-\frac{e}{m}\right) \hat{\boldsymbol{p}}|\Psi^{(1,p A_2^-)}(t)\rangle \quad (2.79)$$

と，これらと類似の項になる．ここで最初の式の $\boldsymbol{\mathcal{A}}_2^-$ は式 (2.4) の形のベクトルポテンシャルのうち $-\omega_2$ で振動する項を表す．Ψ の添字の $A^\pm$ も同じ意味である．

2.3.2 非線形電流密度の計算例

電流密度を与える行列要素の例として式 (2.76) の計算をする．$\boldsymbol{p}\cdot\boldsymbol{\mathcal{A}}$ の 1 次摂動の係数は式 (2.50) にある．これより状態ベクトルは，

$$|\Psi^{(1,p A_1^-)}(t)\rangle = \sum_n \frac{ie}{2m\hbar\omega_1} \frac{\langle n|\boldsymbol{\epsilon}_1\cdot\hat{\boldsymbol{p}}\mathrm{e}^{i\boldsymbol{K}_1\cdot\hat{\boldsymbol{r}}}|g\rangle E_1 \mathrm{e}^{i(\omega_{ng}-\omega_1)t}}{\omega_{ng}-\omega_1} |n\rangle \mathrm{e}^{-i\omega_n t} \quad (2.80)$$

と書ける．これと式 (2.52) から行列要素 (2.76) による非線形な電流密度は，

$$\frac{1}{2}\tilde{\boldsymbol{J}}_3(\boldsymbol{K}_3,\omega_3) = \int \langle \Psi^{(0)}(t)|e^{-i\boldsymbol{K}_3\cdot\hat{\boldsymbol{r}}}\left(-\frac{e}{m}\right)\frac{e}{c}\boldsymbol{A}_2^-(\hat{\boldsymbol{r}},t)|\Psi^{(1,pA_1^-)}(t)\rangle e^{i\omega_3 t}dt$$
$$= -\frac{e^3}{m^2\hbar\omega_1\omega_2}\sum_n \frac{\langle g|\boldsymbol{\epsilon}_2 e^{i(\boldsymbol{K}_2-\boldsymbol{K}_3)\cdot\hat{\boldsymbol{r}}}|n\rangle\langle n|e^{i\boldsymbol{K}_1\cdot\hat{\boldsymbol{r}}}\boldsymbol{\epsilon}_1\cdot\hat{\boldsymbol{p}}|g\rangle}{\omega_{ng}-\omega_1}\frac{E_1 E_2}{4}2\pi\delta(\omega_3-\omega_1-\omega_2)$$
(2.81)

と計算できる. 左辺の $1/2$ は $\delta(\omega_3+\omega_1+\omega_2)$ の寄与を省略したため付けた.

その他の状態ベクトル

上記以外の行列要素に現れる状態ベクトルも後の章の計算で必要になるので以下に結果だけ示す. まず行列要素 (2.77) の状態ベクトルは, 式 (2.73) の摂動に対して式 (2.49) の 3 行目に対応する項を計算して,

$$|\Psi^{(1,A_1^- A_2^-)}(t)\rangle = \sum_n a_n^{(1,A_1^- A_2^-)}(t)|n\rangle e^{-i\omega_n t} \quad (2.82)$$

$$a_n^{(1,A_1^- A_2^-)}(t) = \frac{e^2\boldsymbol{\epsilon}_1\cdot\boldsymbol{\epsilon}_2}{4m\hbar\omega_1\omega_2}\frac{\langle n|e^{i(\boldsymbol{K}_1+\boldsymbol{K}_2)\cdot\hat{\boldsymbol{r}}}|g\rangle E_1 E_2 e^{i(\omega_{ng}-\omega_1-\omega_2)t}}{\omega_{ng}-\omega_1-\omega_2} \quad (2.83)$$

と求まる [18].

行列要素 (2.78) の $|\Psi^{(2,pA_1^- pA_2^-)}(t)\rangle$ は式 (2.73) の 1 項目の 2 次摂動から求められる. 式 (2.50) を参考にして式 (2.42) を計算する. $N=2$ では多くの項が現れるが, 必要なのは,

$$|\Psi^{(2,pA_1^- pA_2^-)}(t)\rangle = \sum_l a_l^{(2,pA_1^- pA_2^-)}(t)|l\rangle e^{-i\omega_l t} \quad (2.84)$$

$$a_l^{(2,pA_1^- pA_2^-)}(t) = -\frac{e^2 E_1 E_2}{4m^2\hbar^2\omega_1\omega_2}$$
$$\times \sum_n \frac{\langle l|\boldsymbol{\epsilon}_2\cdot\hat{\boldsymbol{p}}e^{i\boldsymbol{K}_2\cdot\hat{\boldsymbol{r}}}|n\rangle\langle n|\boldsymbol{\epsilon}_1\cdot\hat{\boldsymbol{p}}e^{i\boldsymbol{K}_1\cdot\hat{\boldsymbol{r}}}|g\rangle}{\omega_{ng}-\omega_1}\frac{e^{i(\omega_{lg}-\omega_1-\omega_2)t}}{\omega_{lg}-\omega_1-\omega_2} \quad (2.85)$$

である.

2.3.3 2 次の非線形分極率

$\omega_3 = \omega_1 + \omega_2$ を満たす, すべての行列要素を計算すると非線形な電流密度は,

---

[18] 式 (2.18) の係数 2 の関係で式 (2.49) の対応する項と $1/2$ 違う. これに関連して文献 [5] の式 (2.9) で最後の 2 項の $1/2$ は不要である.

$$\tilde{J}_3(\boldsymbol{K}_3,\omega_3) = -i\pi\omega_3\tilde{\boldsymbol{\beta}}(\boldsymbol{K}_3,-\boldsymbol{K}_1,-\boldsymbol{K}_2,\omega_1,\omega_2):\boldsymbol{\epsilon}_1\boldsymbol{\epsilon}_2 E_1 E_2 \delta(\omega_3-\omega_1-\omega_2)$$

$$\tilde{\boldsymbol{\beta}}(\boldsymbol{K}_3,-\boldsymbol{K}_1,-\boldsymbol{K}_2,\omega_1,\omega_2):\boldsymbol{\epsilon}_1\boldsymbol{\epsilon}_2 = \frac{ie^3}{m^3\hbar^2\omega_1\omega_2\omega_3}(\mathfrak{U}+\mathfrak{B}) \tag{2.86}$$

と表されることがわかる．$\tilde{\boldsymbol{\beta}}$ は 2 次の非線形分極率である．

上式の $\mathfrak{U}$ は式 (2.76)，(2.77) からの寄与で，

$$\mathfrak{U} = -m\hbar \sum_n \Bigg\{ \\
\frac{\langle g|\boldsymbol{\epsilon}_2 e^{i(\boldsymbol{K}_2-\boldsymbol{K}_3)\cdot\hat{\boldsymbol{r}}}|n\rangle\langle n|e^{i\boldsymbol{K}_1\cdot\hat{\boldsymbol{r}}}\boldsymbol{\epsilon}_1\cdot\hat{\boldsymbol{p}}|g\rangle}{\omega_{ng}-\omega_1} + \frac{\langle g|e^{i\boldsymbol{K}_1\cdot\hat{\boldsymbol{r}}}\boldsymbol{\epsilon}_1\cdot\hat{\boldsymbol{p}}|n\rangle\langle n|\boldsymbol{\epsilon}_2 e^{i(\boldsymbol{K}_2-\boldsymbol{K}_3)\cdot\hat{\boldsymbol{r}}}|g\rangle}{\omega_{ng}+\omega_1} \\
+ \frac{\langle g|\boldsymbol{\epsilon}_1 e^{i(\boldsymbol{K}_1-\boldsymbol{K}_3)\cdot\hat{\boldsymbol{r}}}|n\rangle\langle n|e^{i\boldsymbol{K}_2\cdot\hat{\boldsymbol{r}}}\boldsymbol{\epsilon}_2\cdot\hat{\boldsymbol{p}}|g\rangle}{\omega_{ng}-\omega_2} + \frac{\langle g|e^{i\boldsymbol{K}_2\cdot\hat{\boldsymbol{r}}}\boldsymbol{\epsilon}_2\cdot\hat{\boldsymbol{p}}|n\rangle\langle n|\boldsymbol{\epsilon}_1 e^{i(\boldsymbol{K}_1-\boldsymbol{K}_3)\cdot\hat{\boldsymbol{r}}}|g\rangle}{\omega_{ng}+\omega_2} \\
+ \frac{\boldsymbol{\epsilon}_1\cdot\boldsymbol{\epsilon}_2\langle g|e^{-i\boldsymbol{K}_3\cdot\hat{\boldsymbol{r}}}\hat{\boldsymbol{p}}|n\rangle\langle n|e^{i(\boldsymbol{K}_1+\boldsymbol{K}_2)\cdot\hat{\boldsymbol{r}}}|g\rangle}{\omega_{ng}-\omega_3} + \frac{\boldsymbol{\epsilon}_1\cdot\boldsymbol{\epsilon}_2\langle g|e^{i(\boldsymbol{K}_1+\boldsymbol{K}_2)\cdot\hat{\boldsymbol{r}}}|n\rangle\langle n|e^{-i\boldsymbol{K}_3\cdot\hat{\boldsymbol{r}}}\hat{\boldsymbol{p}}|g\rangle}{\omega_{ng}+\omega_3} \Bigg\} \tag{2.87}$$

の 6 項からなる．最初の 4 項は式 (2.76) から，残りの 2 項は式 (2.77) から生じる．特に第 1 項は式 (2.81) で計算したものである．

また $\mathfrak{B}$ は式 (2.78)，(2.79) から現れる，

$$\mathfrak{B} = \sum_{n,l} \Bigg\{ \frac{\langle g|e^{-i\boldsymbol{K}_3\cdot\hat{\boldsymbol{r}}}\hat{\boldsymbol{p}}|n\rangle\langle n|e^{i\boldsymbol{K}_1\cdot\hat{\boldsymbol{r}}}\boldsymbol{\epsilon}_1\cdot\hat{\boldsymbol{p}}|l\rangle\langle l|e^{i\boldsymbol{K}_2\cdot\hat{\boldsymbol{r}}}\boldsymbol{\epsilon}_2\cdot\hat{\boldsymbol{p}}|g\rangle}{(\omega_{ng}-\omega_3)(\omega_{lg}-\omega_2)} \\
+ \frac{\langle g|e^{-i\boldsymbol{K}_3\cdot\hat{\boldsymbol{r}}}\hat{\boldsymbol{p}}|n\rangle\langle n|e^{i\boldsymbol{K}_2\cdot\hat{\boldsymbol{r}}}\boldsymbol{\epsilon}_2\cdot\hat{\boldsymbol{p}}|l\rangle\langle l|e^{i\boldsymbol{K}_1\cdot\hat{\boldsymbol{r}}}\boldsymbol{\epsilon}_1\cdot\hat{\boldsymbol{p}}|g\rangle}{(\omega_{ng}-\omega_3)(\omega_{lg}-\omega_1)} \\
+ \frac{\langle g|e^{i\boldsymbol{K}_2\cdot\hat{\boldsymbol{r}}}\boldsymbol{\epsilon}_2\cdot\hat{\boldsymbol{p}}|l\rangle\langle l|e^{i\boldsymbol{K}_1\cdot\hat{\boldsymbol{r}}}\boldsymbol{\epsilon}_1\cdot\hat{\boldsymbol{p}}|n\rangle\langle n|e^{-i\boldsymbol{K}_3\cdot\hat{\boldsymbol{r}}}\hat{\boldsymbol{p}}|g\rangle}{(\omega_{ng}+\omega_3)(\omega_{lg}+\omega_2)} \\
+ \frac{\langle g|e^{i\boldsymbol{K}_1\cdot\hat{\boldsymbol{r}}}\boldsymbol{\epsilon}_1\cdot\hat{\boldsymbol{p}}|l\rangle\langle l|e^{i\boldsymbol{K}_2\cdot\hat{\boldsymbol{r}}}\boldsymbol{\epsilon}_2\cdot\hat{\boldsymbol{p}}|n\rangle\langle n|e^{-i\boldsymbol{K}_3\cdot\hat{\boldsymbol{r}}}\hat{\boldsymbol{p}}|g\rangle}{(\omega_{ng}+\omega_3)(\omega_{lg}+\omega_1)} \\
+ \frac{\langle g|e^{i\boldsymbol{K}_2\cdot\hat{\boldsymbol{r}}}\boldsymbol{\epsilon}_2\cdot\hat{\boldsymbol{p}}|l\rangle\langle l|e^{-i\boldsymbol{K}_3\cdot\hat{\boldsymbol{r}}}\hat{\boldsymbol{p}}|n\rangle\langle n|e^{i\boldsymbol{K}_1\cdot\hat{\boldsymbol{r}}}\boldsymbol{\epsilon}_1\cdot\hat{\boldsymbol{p}}|g\rangle}{(\omega_{ng}-\omega_1)(\omega_{lg}+\omega_2)} \\
+ \frac{\langle g|e^{i\boldsymbol{K}_1\cdot\hat{\boldsymbol{r}}}\boldsymbol{\epsilon}_1\cdot\hat{\boldsymbol{p}}|n\rangle\langle n|e^{-i\boldsymbol{K}_3\cdot\hat{\boldsymbol{r}}}\hat{\boldsymbol{p}}|l\rangle\langle l|e^{i\boldsymbol{K}_2\cdot\hat{\boldsymbol{r}}}\boldsymbol{\epsilon}_2\cdot\hat{\boldsymbol{p}}|g\rangle}{(\omega_{ng}+\omega_1)(\omega_{lg}-\omega_2)} \Bigg\} \tag{2.88}$$

の 6 項である．吸収を取り入れると最後の 2 項は，それぞれ 2 つの寄与に分離する．吸収が無視できない共鳴条件下では全部で 8 項になる．

最後に式 (2.87) と式 (2.88) はクーロンゲージ (2.3) のもとで計算したことを

注意しておく．第5章と第6章で式(2.68)のようにゲージに依存しない物理量で表して具体的な議論をする．

2.4 散乱理論

本書では電磁場を量子化（第2量子化）した光子という概念を多用する．しかし本書のレベルを超えてしまうので，第2量子化した計算はしない．このためX線の散乱を量子力学で直接計算できない．それでも量子力学的な散乱の描像は示唆に富んでいて後の議論の理解に役立つので概要だけ簡単に紹介する．

2.4.1 線形過程のファインマン図

電磁場と電子との相互作用を表す式(2.45)の2項を，

$$\mathcal{H}'_{pA} = \frac{e}{mc}\boldsymbol{p}\cdot\boldsymbol{A} \tag{2.89}$$

$$\mathcal{H}'_{A^2} = \frac{e^2}{2mc^2}\boldsymbol{A}^2 \tag{2.90}$$

と分離して考える．このとき束縛された電子による散乱は電子による電磁場の吸収・放出を記述する $\mathcal{H}'_{pA}$ の2次過程になる．これは図2.3のような2つのファインマン図 (Feynman diagram) で表される．例えば左の図では時刻 t_0 で $\mathcal{H}'_{pA}$ により波数 K の光子が吸収される．そして電子は始状態 i から状態 n に励起される．その後 t_1 にもう1度 $\mathcal{H}'_{pA}$ により電子は光子 K' を放出して状態 f に移る．特に弾性散乱では最後に f ではなく元の i に戻る．図2.3(b)では先

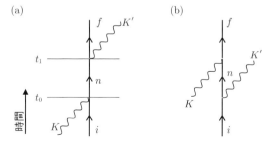

図 **2.3** 束縛された電子による電磁波の散乱を表すファインマン図．太線は電子，波線は光子を表す．K は光子の波数．i, n, f は，それぞれ始状態，中間状態，終状態である．

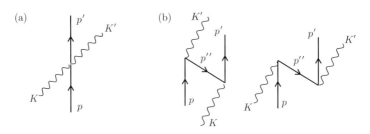

図 2.4 自由電子による電磁波の散乱を表すファインマン図. p が電子の運動量, K は光子の波数. (a) 非相対論的な描像. (b) 相対論的な描像.

に光子 K' を放出している点が異なる．こちらは量子力学の特徴が現れた項で t_0 から t_1 までの中間状態ではエネルギーが保存していない（足りない）．このような中間状態は不確定性原理によって許される．ただし許される時間はエネルギーの足りない分の逆数程度になる．

一方でトムソン散乱は $\mathcal{H}_{A^2}'$ の 1 次過程として図 2.4(a) のように描かれる．この図はある時刻に電子が $p \to p'$ に光子が $K \to K'$ に散乱されることを表す．先に見た図 2.3 に比べて散乱の仕組みが不明瞭に感じる．ハミルトニアン (2.43) が非相対論的な領域で成り立つ近似式のためである．実は式 (2.90) は相対論的量子力学での図 2.4(b) に示す 2 つの過程に対応している．これらは図 2.3 に似ている．しかし中間状態で時間を遡る電子，つまり電子の反粒子（陽電子）が現れている点が異なる．中間状態ではもとの電子に加えて真空が分極した電子-陽電子ペアが余分に存在する[19]．この間は系全体のエネルギーが電子の静止質量の 2 倍分 ($2mc^2 = 1{,}022$ keV) も足りない．今考えている X 線の光子エネルギー領域 (~ 10 keV) では光子の出入りの順番による違いを無視できる．そして図 2.4(a) のように潰れて 1 点で交わると近似される．中間状態で非常に高いエネルギーをもつため束縛された電子も自由電子と同様にトムソン散乱で扱える．これが X 線で構造解析ができる理由である．

分極率の式 (2.57) を見ると始めの 2 項が図 2.3 に対応していることがわかる．その最後の項を導いた式 (2.58) に $\mathcal{A}^2$ の形 ($e^{i(\boldsymbol{K}-\boldsymbol{K}')\cdot\hat{\boldsymbol{r}}}$) が現れていて図 2.4 との対応がわかる．

---

[19] この描像では 2.1.3 項で述べたように分極率の方が X 線との相互作用全体をよく表している．相対論的な取扱いは J. J. サクライ，"上級量子力学 第 I 巻"，丸善プラネット (2010) の 3.9 節を参照のこと．

2.4.2　2次の非線形過程のファインマン図

図 2.5 に 2 次の非線形光学過程のファインマン図のうち後の議論に関係するものを示す．今度は 3 光子過程になるので光子の出入りを示す線は 3 本になる．図で $\mathfrak{U}$ のラベルを付けた図は図 2.3 と 2.4(a) を組み合わせたものになっている．つまり $\mathcal{H}'_{pA}$ と $\mathcal{H}'_{A^2}$ の 2 次過程になっている．$\mathfrak{B}_1$ の図は $\mathcal{H}'_{pA}$ の 3 次過程である．

後で議論するように可視光領域の非線形光学では $\mathfrak{B}$ が支配的である．一方で X 線領域では $\mathfrak{U}$ が重要になってくる．第 5 章と第 6 章で $\mathfrak{U}$ に含まれる相対論的な起源をもつ項 $\mathcal{H}'_{A^2}$ が X 線の非線形光学の特徴を担うことがわかる．

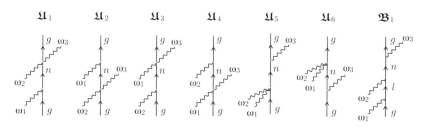

図 2.5　2 次の非線形過程を示すファインマン図．式 (2.87) に現れる 6 項 ($\mathfrak{U}_{1,2...}$) を順番に示してある．右端は式 (2.88) の第 1 項に対応する．

2.5　古典論との対応

最後に古典論との対応を確認しておく．古典論の方が非線形性のイメージがつかみやすい．

式 (2.43) のハミルトニアンから運動方程式（正準方程式）を求めると，

$$\dot{x} = \frac{\partial \mathcal{H}}{\partial p_x} = \frac{1}{m}\left(p_x + \frac{e}{c}\mathcal{A}_x\right) \tag{2.91}$$

$$\dot{p}_x = -\frac{\partial \mathcal{H}}{\partial x}$$
$$= -e\frac{\partial \phi}{\partial x} - \frac{e}{mc}\left\{\left(p_x + \frac{e}{c}\mathcal{A}_x\right)\frac{\partial \mathcal{A}_x}{\partial x} + \left(p_y + \frac{e}{c}\mathcal{A}_y\right)\frac{\partial \mathcal{A}_y}{\partial x} + \left(p_z + \frac{e}{c}\mathcal{A}_z\right)\frac{\partial \mathcal{A}_z}{\partial x}\right\}$$
$$= -e\frac{\partial \phi}{\partial x} - \frac{e}{c}\left(\dot{x}\frac{\partial \mathcal{A}_x}{\partial x} + \dot{y}\frac{\partial \mathcal{A}_y}{\partial x} + \dot{z}\frac{\partial \mathcal{A}_z}{\partial x}\right) \tag{2.92}$$

となる.ここでポテンシャルエネルギー V を $-e\phi$ と書き換えた.ϕ はスカラーポテンシャルである.また時間に関する全微分を $\dot{x} = dx/dt$, $\dot{p}_x = dp_x/dt$ と記した.

さて $\mathcal{A}_x$ の時間に関する全微分は,

$$\frac{d\mathcal{A}_x}{dt} = \frac{\partial \mathcal{A}_x}{\partial t} + \dot{x}\frac{\partial \mathcal{A}_x}{\partial x} + \dot{y}\frac{\partial \mathcal{A}_x}{\partial y} + \dot{z}\frac{\partial \mathcal{A}_x}{\partial z} \tag{2.93}$$

である.これを e/c 倍して式 (2.92) に加えると,

$$\frac{d}{dt}\left(p_x + \frac{e}{c}\mathcal{A}_x\right) = -e\left(\frac{\partial \phi}{\partial x} - \frac{1}{c}\frac{\partial \mathcal{A}_x}{\partial t}\right) - \frac{e}{c}\left\{\dot{y}\left(\frac{\partial \mathcal{A}_y}{\partial x} - \frac{\partial \mathcal{A}_x}{\partial y}\right) - \dot{z}\left(\frac{\partial \mathcal{A}_x}{\partial z} - \frac{\partial \mathcal{A}_z}{\partial x}\right)\right\}$$

$$= -e\left(\nabla\phi - \frac{1}{c}\frac{\partial \mathcal{A}}{\partial t}\right)_x - \frac{e}{c}\{\dot{\boldsymbol{r}} \times (\boldsymbol{\nabla} \times \boldsymbol{\mathcal{A}})\}_x \tag{2.94}$$

と計算できる.$\boldsymbol{v} = \dot{\boldsymbol{r}}$, $\boldsymbol{\mathcal{E}} = -\partial \boldsymbol{\mathcal{A}}/c\partial t + \nabla\phi$, $\boldsymbol{\mathcal{B}} = \boldsymbol{\nabla} \times \boldsymbol{\mathcal{A}}$ と式 (2.91) を使って,

$$m\frac{d\boldsymbol{v}}{dt} = -e\left(\boldsymbol{\mathcal{E}} + \frac{1}{c}\boldsymbol{v} \times \boldsymbol{\mathcal{B}}\right) \tag{2.95}$$

となる.これはローレンツ力 (Lorentz force) の表式に他ならない.

可視光領域の非線形性は $\boldsymbol{\mathcal{E}}$ による振動の非調和性から発生する.これに対して X 線領域の非線形性は調和的なメカニズムによる.例えば図 2.6 で $\boldsymbol{\mathcal{E}}_1$ を受けて $\boldsymbol{v}_1$ で運動する電子は別の電磁場の $\boldsymbol{\mathcal{B}}_2$ からローレンツ力を受ける.その結果 2 つの周波数が混ざる.

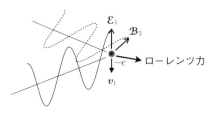

図 2.6　ローレンツ力による非線形性.

第3章 X線の散乱の基礎

前章で電磁波によって原子・分子内の電子がどのように運動し電流が生じるかがわかった．本章ではこの電流がどのような電磁波を発生させるかを古典電磁気学を使って調べる．そして原子や結晶によるX線の散乱を定式化する．この結果をもとに線形のX線光学で最も重要な結晶によるブラッグ反射を議論する．最後にブラッグ反射をより簡便に波動方程式で光学過程として取り扱う方法を示す．この波動方程式が第5章と第6章でX線の非線形光学現象を扱う基礎になる．

3.1 X線の散乱

この節ではX線の散乱を扱うための基本式を導く．それを使って電子や原子による散乱までを議論する．

3.1.1 ボルン近似の散乱振幅

式 (2.1) の形の単色平面波で誘起される電流密度は式 (2.16) より，

$$\tilde{\boldsymbol{J}}(\boldsymbol{K}',\omega) = -i\omega\tilde{\alpha}(\boldsymbol{K}'-\boldsymbol{K},\omega)\tilde{\boldsymbol{E}}_0(\omega) \tag{3.1}$$

$$\tilde{\boldsymbol{E}}_0(\omega) = 2\pi\boldsymbol{E}_0\delta(\omega-\omega_0) \tag{3.2}$$

と書ける．X線の（弾性）散乱を調べるには $\tilde{\boldsymbol{J}}$ が放射する電磁波を計算すればよい．この先3.3節までは散乱された電磁波が誘起する電流は無視する．これは多くても1回しか散乱されないとするボルン (Born) 近似に相当する．原子や分子あるいは μm 程度までの微結晶に対して良い近似である．また大きくても完全性の低いモザイク結晶にも扱える．全体の散乱が微結晶それぞれからの

強度の和になるためである．

さて古典電磁気学によれば ω で振動する電流が $\bm{n}$ 方向に R だけ離れた位置 $R\bm{n}$ に作る電場は,

$$\tilde{\bm{E}}_\mathrm{s}(R\bm{n},\omega) = -\frac{i\omega}{c^2}\frac{\mathrm{e}^{i\omega R/c}}{R}\left[\bm{n}\times\left\{\bm{n}\times\tilde{\bm{J}}\left(\frac{\omega}{c}\bm{n},\omega\right)\right\}\right] \quad (3.3)$$

で与えられる[1]．これが散乱波の電場である．位相因子は時刻 t での $\bm{E}_\mathrm{s}$ が時刻 $t - R/c$ での $\bm{J}$ で決まることから生じる．

$\tilde{\bm{E}}_0$ と $\tilde{\bm{E}}_\mathrm{s}$ の偏光ベクトルをそれぞれ $\bm{\epsilon}$ と $\bm{\epsilon}'$ とする．上式に式 (3.1) を代入して，左から $\bm{\epsilon}'^*$ をかけると,

$$\begin{aligned}\tilde{E}_\mathrm{s}(R\bm{n},\omega) &= \frac{\omega^2}{c^2}\frac{\mathrm{e}^{i\omega R/c}}{R}\tilde{\alpha}\left(\frac{\omega}{c}\bm{n}-\bm{K},\omega\right)\bm{\epsilon}'^*\cdot\bm{\epsilon}\tilde{E}_0(\omega)\\ &= -r_\mathrm{e} g\left(\frac{\omega}{c}\bm{n}-\bm{K},\omega\right)\frac{\mathrm{e}^{i\omega R/c}}{R}\tilde{E}_0(\omega)\end{aligned} \quad (3.4)$$

を得る．途中で横波の条件 $\bm{\epsilon}'\perp\bm{n}$ より $\bm{\epsilon}'^*\cdot\{\bm{n}\times(\bm{n}\times\tilde{\bm{J}})\} = -\bm{\epsilon}'^*\cdot\tilde{\bm{J}}$ を使った[2]．また古典電子半径[3] r_e と散乱波の振幅を与える無次元量 $g(\bm{S},\omega)$ は,

$$r_\mathrm{e} = \frac{e^2}{mc^2} = 2.82\times 10^{-15}\ \mathrm{m} \quad (3.5)$$

$$g(\bm{S},\omega) = -\frac{m\omega^2}{e^2}(\bm{\epsilon}'^*\cdot\bm{\epsilon})\tilde{\alpha}(\bm{S},\omega) = -\frac{4\pi^2}{r_\mathrm{e}\lambda^2}(\bm{\epsilon}'^*\cdot\bm{\epsilon})\tilde{\alpha}(\bm{S},\omega) \quad (3.6)$$

である．$\lambda = 2\pi c/\omega$ は真空中の波長である．散乱振幅は偏光方向と散乱方向の関係に依存する．この効果は後の 3.3.8 項で議論する．

3.1.2 微分散乱断面積

$g(\bm{S},\omega)$ の議論を後に回して，先に微分散乱断面積 (differential cross section) の表式を導く．式 (2.1) で表される電磁波のポインティングベクトル (Poynting

---

[1] 電流が作るベクトルポテンシャル（下式）から導く．例えば文献 A1 の p.393 を参照.

$$\bm{A}(\bm{R}) = \frac{1}{c}\int \bm{J}(\bm{r})\frac{\mathrm{e}^{iK|\bm{R}-\bm{r}|}}{|\bm{R}-\bm{r}|}d\bm{r}$$

[2] 恒等式 $\bm{a}\times(\bm{b}\times\bm{c}) = (\bm{a}\cdot\bm{c})\bm{b} - (\bm{a}\cdot\bm{b})\bm{c}$ を使う．

[3] 総量 $-e$ の電荷が表面に分布した小球を考える．半径 r_e で静電エネルギー $\sim e^2/r_\mathrm{e}$ が静止エネルギー（質量）mc^2 と等しくなる．電子（素粒子）には大きさはないが，小球の内側の取扱いは難しい．

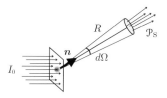

図 3.1 微分散乱断面積. n 方向の $d\Omega$ 内に散乱されるパワーを与える.

vector) と強度 (intensity) は,

$$\mathcal{S} = \frac{c}{4\pi}|\mathcal{E}|^2 \frac{K}{|K|} = \frac{c}{4\pi}|E|^2 \frac{K}{|K|} \tag{3.7}$$

$$I = \overline{|\mathcal{S}|} = \frac{c}{8\pi}|E_0|^2 \tag{3.8}$$

である[4]. 強度はポインティングベクトルの大きさの時間平均である.

図 3.1 のように n 方向の微小な立体角 $d\Omega$ 内に散乱される電磁波のパワーは $d\mathcal{P}_s = \overline{|\mathcal{S}_s|}R^2 d\Omega$ である. これを照射強度 I_0 で割って微分散乱断面積は,

$$\frac{d\sigma}{d\Omega} = \frac{d\mathcal{P}_s}{d\Omega}/I_0 = \frac{|\tilde{E}_s|^2 R^2}{|\tilde{E}_0|^2} = r_e^2 |g(\boldsymbol{S},\omega)|^2 \tag{3.9}$$

と求まる[5]. 名前の通り面積の次元をもつ. なお途中で式 (3.4) を使った.

3.1.3 電子による散乱と古典電子半径

一般論を終わりにして孤立電子による散乱に移る. これはトムソン散乱になる. 実は局在した電子を考えるのは量子力学では困難である. そこで古典的に点で考える. つまり $\rho(r) = \delta(r)$ なので $\tilde{\rho}(S) = 1$ となる. また原子核に束縛されてないので異常分散補正はない. したがって式 (2.71), (3.6) より,

$$\tilde{\alpha}(\boldsymbol{S},\omega) = -\frac{r_e \lambda^2}{4\pi^2}$$

$$g(\boldsymbol{S},\omega) = \boldsymbol{\epsilon}'^* \cdot \boldsymbol{\epsilon} \tag{3.10}$$

となる. 上式と式 (3.4) より電子による散乱の振幅は $-r_e(\boldsymbol{\epsilon}'^* \cdot \boldsymbol{\epsilon})$ となる. この

---

[4] $[\mathcal{E}]$=statV/cm=(erg/cm^3)$^{1/2}$ より $[\mathcal{S}]$=erg/cm^{2}s となり単面積・単位時間あたりのエネルギーの流れになる.

[5] 式 (3.9) と (2.59) から有名なクラマース・ハイゼンベルグ (Kramaers-Heisenberg) の式を導ける.

微分散乱断面積は式 (3.9) より，

$$\frac{d\sigma}{d\Omega} = |\boldsymbol{\epsilon}'^* \cdot \boldsymbol{\epsilon}|^2 r_\mathrm{e}^2 \tag{3.11}$$

である．古典電子半径が電磁波を散乱する見かけの大きさを与えている．またトムソン散乱の断面積は電磁波の波長に依存しない．

3.1.4 原子による散乱と原子散乱因子

原子の分極率を与える式 (2.71) の $\{\cdots\}$ 内を，

$$f(\boldsymbol{S},\omega) = f^0(\boldsymbol{S}) - \Delta f'(\omega) - i\Delta f''(\omega) \tag{3.12}$$

$$f^0(\boldsymbol{S}) = \tilde{\rho}(\boldsymbol{S}) \tag{3.13}$$

と書き直すと，

$$\tilde{\alpha}(\boldsymbol{S},\omega) = -\frac{r_\mathrm{e}\lambda^2}{4\pi^2}f(\boldsymbol{S},\omega) \tag{3.14}$$

$$g(\boldsymbol{S},\omega) = \boldsymbol{\epsilon}'^* \cdot \boldsymbol{\epsilon} f(\boldsymbol{S},\omega) \tag{3.15}$$

となる．$f(\boldsymbol{S},\omega)$ を原子散乱因子 (atomic scattering factor) と呼ぶ．

以下では孤立した原子を球対称と見なす．このとき $f(\boldsymbol{S},\omega)$ は散乱ベクトル $\boldsymbol{S}$ の大きさだけに依存する．$|\boldsymbol{S}|$ は図 3.2(a) より $|\boldsymbol{S}| = 4\pi\sin(\Theta/2)/\lambda$ と散乱角 Θ で表せる．実は $|\boldsymbol{S}|$ より $\sin(\Theta/2)/\lambda$ の方が次節で考える結晶構造因子で使いやすい．このため普通は原子散乱因子は $\sin(\Theta/2)/\lambda$ の関数として与えられる．

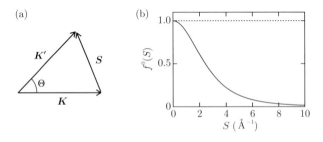

図 3.2 水素原子による散乱 (a) 散乱ベクトル $\boldsymbol{S}$ と散乱角 Θ の関係．$|\boldsymbol{K}| = |\boldsymbol{K}'|$ に注意．(b) 原子散乱因子の S 依存性（異常分散補正は除く）．点線は孤立電子の場合．

原子散乱因子を最も構造が単純な水素原子で見てみる．水素原子の 1s 電子の波動関数は，

$$\Psi(r) = \frac{1}{\sqrt{\pi a_0^3}} e^{-r/a_0} \tag{3.16}$$

と書ける．式 (3.13) より $f^0(\boldsymbol{S})$ は電子密度 $|\Psi(r)|^2$ をフーリエ変換して，

$$f^0(\boldsymbol{S}) = \int |\Psi(r)|^2 e^{-i\boldsymbol{S}\cdot\boldsymbol{r}} d\boldsymbol{r} = \int 4\pi r^2 |\Psi(r)|^2 \frac{\sin Sr}{Sr} dr$$
$$= \left(1 + \frac{a_0^2 S^2}{4}\right)^{-2} \tag{3.17}$$

となる．上式の S 依存性を図 3.2(b) に示す．孤立電子も水素原子も電子 1 つであるが散乱の S 依存性は異なる．原子内では密度分布をもつためである．

原子番号 Z の原子ではフーリエ変換の性質から $f^0(0) = Z$ となる．外殻ほど電子雲は広がる傾向がある．このため外殻電子の原子散乱因子への寄与は $S = 0$ 付近に現れる．逆に大きな散乱角では原子核に近い内殻電子の寄与が主となる．

3.2 結晶による散乱

結晶の散乱は議論が長いので，先に $g(\boldsymbol{S},\omega)$ の結果を図 3.3 にまとめて示す．電子や原子による X 線の散乱は図 3.2(b) のように散乱ベクトルについて連続的である．結晶になると格子の周期性により飛びとびになる．つまり散乱ベクトルが結晶に固有の逆格子ベクトル (reciprocal vector) と一致しないと散乱されない．これを結晶による X 線の回折 (diffraction) と呼ぶ．

結晶による散乱も第 2 章で導いた表式で計算できる．しかし結晶の数学的な性質を利用すれば計算が容易になる．そこで結晶の基本的な性質の説明から始

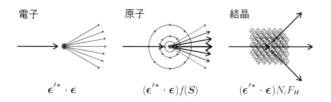

図 3.3 散乱振幅 $g(\boldsymbol{S},\omega)$ の表式．f, N_c, F はそれぞれ原子散乱因子，単位構造の総数，結晶構造因子である．

める．X 線光学では結晶構造に関する知識は不可欠だが，内容が多いので最低限に留める [6]．前節と同様にボルン近似の下で議論を進める．これを超えた大きな完全結晶の取扱いは 3.3 節以降にする．

3.2.1 結晶の分極率

結晶では単位構造が格子に配置されている．単位構造は単一または複数の原子や分子から構成される．格子は周期的に無限に並んだ点の集合である．格子 (lattice) を表す関数を $l(\boldsymbol{r})$ と記す．現実の有限サイズの結晶を扱うために形状 (profile) を表す関数 $p(\boldsymbol{r})$ も導入する．完全な結晶の内部では $p(\boldsymbol{r}) = 1$ で外部ではゼロである．

単位構造の分極率が $\alpha_{\text{cell}}(\boldsymbol{r})$ と書けるとする．結晶全体の分極率 $\alpha_{\text{x}}(\boldsymbol{r})$ は，

$$\begin{aligned}
\alpha_{\text{x}}(\boldsymbol{r}) &= \int p(\boldsymbol{r}')l(\boldsymbol{r}')\alpha_{\text{cell}}(\boldsymbol{r}-\boldsymbol{r}')d\boldsymbol{r}' \\
&= \int G(\boldsymbol{r}')\alpha_{\text{cell}}(\boldsymbol{r}-\boldsymbol{r}')d\boldsymbol{r}'
\end{aligned} \tag{3.18}$$

と畳み込み積分で表される．ここで $G(\boldsymbol{r}) = p(\boldsymbol{r})l(\boldsymbol{r})$ とおいた．なお分極率の引数の ω を省略した．上式をフーリエ変換すると，

$$\tilde{\alpha}_{\text{x}}(\boldsymbol{S}) = \tilde{G}(\boldsymbol{S})\tilde{\alpha}_{\text{cell}}(\boldsymbol{S}) \tag{3.19}$$

と積で書ける．波数空間では単位構造と格子が分離して扱いやすくなる．

3.2.2 格子のフーリエ変換と逆格子

最初に格子のフーリエ変換 $\tilde{l}(\boldsymbol{S})$ を計算する．簡単のために 1 次元で考える．1 次元格子では格子点が結晶軸上に間隔 a で規則的に並んでいる．これは，

$$l(x) = \sum_n \delta(x-na) \tag{3.20}$$

と書ける．この式は x を a だけずらしても同じである．そこで a を格子の基本並進 "ベクトル" と呼ぶ．上式のフーリエ変換を計算すると，

$$\tilde{l}(S) = \int \sum_n \delta(x-na) \mathrm{e}^{-iSx} dx = \sum_n \mathrm{e}^{-iSan} = 2\pi \sum_m \delta(Sa-2m\pi)$$

---

[6] 例えば桜井敏雄,"X 線結晶解析の手引", 裳華房 (1983) が詳しい．

$$= \frac{2\pi}{a} \sum_H \delta(S-H) \tag{3.21}$$

となる．$H = 2m\pi/a$（m は整数）を逆格子"ベクトル"と呼ぶ[7]．上式は式 (3.20) と同じ形をしていて波数空間（逆空間）での格子を表している．そこで $\tilde{l}(S)$ を逆格子 (reciprocal lattice) と呼ぶ．逆格子では逆格子点が $2\pi/a$ おきに周期的に無限に並んでいる．

以上の議論は 3 次元に拡張できる．逆格子の基本ベクトルは格子の基本並進ベクトル $\bm{a}_{1,2,3}$ により，

$$\bm{b}_1 = \frac{2\pi}{v_c} \bm{a}_2 \times \bm{a}_3, \ \bm{b}_2 = \frac{2\pi}{v_c} \bm{a}_3 \times \bm{a}_1, \ \bm{b}_3 = \frac{2\pi}{v_c} \bm{a}_1 \times \bm{a}_2 \tag{3.22}$$

$$v_c = \bm{a}_1 \cdot (\bm{a}_2 \times \bm{a}_3) \tag{3.23}$$

で与えられる．v_c は単位構造の体積である．逆格子ベクトルの性質として，

$$\bm{b}_i \cdot \bm{a}_j = 2\pi \delta_{ij} \tag{3.24}$$

を確認できる．式 (3.21) も 3 次元に拡張して，

$$\tilde{l}(\bm{S}) = \frac{(2\pi)^3}{v_c} \sum_H \delta(\bm{S} - \bm{H}) \tag{3.25}$$

となる．$\bm{H}$ は逆格子の基本ベクトル $\bm{b}_{1,2,3}$ から作られる逆格子ベクトルである．

3.2.3 無限に大きい結晶

ここで無限に大きい結晶の分極率の表式を求める．$p(\bm{r}) = 1$ だから $\tilde{G}(\bm{S}) = \tilde{l}(\bm{S})$ である．結晶の分極率は前式を式 (3.19) に代入して，

$$\tilde{\alpha}_x(\bm{S}) = \frac{(2\pi)^3}{v_c} \sum_H \tilde{\alpha}_{\text{cell}}(\bm{S}) \delta(\bm{S} - \bm{H}) = \frac{(2\pi)^3}{v_c} \sum_H \alpha_H^{\text{cell}} \delta(\bm{S} - \bm{H}) \tag{3.26}$$

となる．ここで $\alpha_H^{\text{cell}} = \tilde{\alpha}_{\text{cell}}(\bm{H})$ と記した．上式を逆フーリエ変換すると，

$$\alpha_x(\bm{r}) = \frac{1}{v_c} \sum_H \alpha_H^{\text{cell}} e^{i\bm{H} \cdot \bm{r}} \tag{3.27}$$

---

[7] X 線光学や結晶学では波数ベクトルや逆格子ベクトルの定義に 2π を含めないことが多い．しかし本書では電磁気学との対応を良くするために 2π を含める．

となる．無限に大きい結晶の分極率は逆格子ベクトルに関するフーリエ級数で表せる．

3.2.4 単位構造のフーリエ変換と結晶構造因子

次に単位構造の分極率のフーリエ変換 $\tilde{\alpha}_{\text{cell}}(\boldsymbol{S})$ を考える．j 番目の原子の分極率を $\alpha_j(\boldsymbol{r})$ とする．結合による電子密度分布や異常分散補正の変化を無視すれば $\alpha_j(\boldsymbol{r})$ を孤立原子のもので代用できる．このとき単位構造の分極率は，

$$\alpha_{\text{cell}}(\boldsymbol{r}) = \sum_j \alpha_j(\boldsymbol{r} - \boldsymbol{r}_j) \tag{3.28}$$

と書ける．$\boldsymbol{r}_j$ は j 番目の原子の位置である．このフーリエ変換は，

$$\tilde{\alpha}_{\text{cell}}(\boldsymbol{S}) = \sum_j \int \alpha_j(\boldsymbol{r} - \boldsymbol{r}_j) e^{-i\boldsymbol{S}\cdot\boldsymbol{r}} d\boldsymbol{r} = \sum_j \tilde{\alpha}_j(\boldsymbol{S}) e^{-i\boldsymbol{S}\cdot\boldsymbol{r}_j} \tag{3.29}$$

となる．ここで式 (3.12) で定義された原子散乱因子を使って，

$$F(\boldsymbol{S}) = \sum_j f_j(\boldsymbol{S}) e^{-i\boldsymbol{S}\cdot\boldsymbol{r}_j} \tag{3.30}$$

$$= F^0(\boldsymbol{S}) - \sum_j \left(\Delta f'_j + i\Delta f''_j\right) e^{-i\boldsymbol{S}\cdot\boldsymbol{r}_j} \tag{3.31}$$

という量を導入する．$F(\boldsymbol{S})$ は結晶構造因子 (crystal structure factor) と呼ばれる X 線回折で重要な量である．これは異常分散補正を通じて ω にも依存する．変数の書き換えが続いてわかりづらいが，異常分散補正を除いた $F^0(\boldsymbol{S}) = \sum f_j^0(\boldsymbol{S}) e^{-i\boldsymbol{S}\cdot\boldsymbol{r}_j}$ は単位構造の電子密度分布のフーリエ変換である[8]．上式と式 (3.14)，(3.29) より，

$$\tilde{\alpha}_{\text{cell}}(\boldsymbol{S}) = -\frac{r_e \lambda^2}{4\pi^2} F(\boldsymbol{S}) \tag{3.33}$$

と書ける．式 (3.26) より逆格子ベクトル $\boldsymbol{H}$ での値が重要なので，

---

[8] 無限に大きい結晶の電子密度分布は式 (3.27) と同様に以下のように書ける．

$$\rho_x(\boldsymbol{r}) = \frac{1}{v_c} \sum_{\boldsymbol{H}} F_{\boldsymbol{H}}^0 e^{i\boldsymbol{H}\cdot\boldsymbol{r}} \tag{3.32}$$

$$F_H = F(\boldsymbol{H}) \tag{3.34}$$

と書くことにする．なお異常分散補正を除いた $f_j^0(\boldsymbol{H})$ は実数なので $F_{\bar{H}}^0 = F_H^{0*}$ となる．ただし $\bar{H}$ は $-\boldsymbol{H}$ の意味である．特に結晶に反転対称性がある場合，対称中心を原点にとると $F_{\bar{H}}^0 = F_H^0$ となる．つまり F_H^0 は実数にできる．

3.2.5 有限サイズの結晶とラウエ関数

これまでは式 (3.18) で $p(\boldsymbol{r}) = 1$ として無限に大きい結晶で考えてきた．こうすると式 (3.26) のデルタ関数により $\tilde{\alpha}_x(\boldsymbol{S})$ は逆格子点で発散してしまう．しかし以下のように有限の大きさの結晶では発散は抑えられる．

再び簡単のために 1 次元に戻って，格子点を N_c 個含む有限の大きさの結晶を考える．このとき $G(x)$ は

$$G(x) = \sum_{n=-(N_c-1)/2}^{(N_c-1)/2} \delta(x - na) \tag{3.35}$$

と書ける．フーリエ変換すると，

$$\begin{aligned}
\tilde{G}(S) &= \int \sum_{n=0}^{N_c-1} \delta\left(x + \frac{N_c-1}{2}a - na\right) e^{-iSx} dx = e^{i(N_c-1)Sa/2} \sum_{n=0}^{N_c-1} e^{-iSna} \\
&= \frac{e^{iN_cSa/2}}{e^{iSa/2}} \frac{1 - e^{-iN_cSa}}{1 - e^{-iSa}} = \frac{e^{iN_cSa/2} - e^{-iN_cSa/2}}{e^{iSa/2} - e^{-iSa/2}} \\
&= \frac{\sin N_c Sa/2}{\sin Sa/2}
\end{aligned} \tag{3.36}$$

となる．この関数は N_c が大きい場合，S が $H = 2m\pi/a$（m は整数）に一致すると鋭いピークをもつ．ピークの幅は $2\pi/N_c a$ 程度で，ピークの値は N_c である．またピーク間では $\tilde{G}(S) \sim 1$ である．したがって十分大きい結晶では $S \neq H$ からの寄与は無視できる．当然であるが，$N_c \to \infty$ で式 (3.21) に一致する．なお X 線回折では $\tilde{G}^2(S)$ は重要で，ラウエ (Laue) 関数と呼ばれる．ラウエ関数のピーク幅は $2\pi/N_c a$ 程度であるが，ピーク値は N_c^2 になる．

上の結果を 3 次元に拡張し式 (3.6)，(3.19)，(3.33)，(3.34) を使うと十分大きな結晶による散乱は $\boldsymbol{S} = \boldsymbol{H}$ で起こり，その振幅は，

$$g(\boldsymbol{H}, \omega) = (\boldsymbol{\epsilon}'^* \cdot \boldsymbol{\epsilon}) N_c F_H \tag{3.37}$$

で決まることがわかる．つまり結晶から散乱が起こるのは $S = K' - K$ より，

$$K' - K = H \tag{3.38}$$

が満たされる場合である．最初に図 3.3 で説明した X 線回折が導かれた．

散乱強度を測定すると式 (3.9) より $|g(S,\omega)|^2$ が求まる．これより様々な H について $|F_H|$ を実験的に決定できる．異常分散補正を無視するか修正できれば $|F_H^0|$ が求まる．何らかの方法で F_H^0 の位相を決められれば，式 (3.32) のフーリエ合成により電子密度分布を再構成できる．これが広く利用されている X 線（精密）構造解析の原理である．

この節の取扱いを「運動学的」と呼ぶ．運動学的回折理論 (kinematical theory of diffraction) では結晶の積分散乱強度は N_c に比例する．しかし N_c が大きくなると散乱が無限に強くなり物理的に正しくない．最初にボルン近似 (3.1.1 項) したためである．N_c（結晶）が大きい場合は多重散乱を取り入れた理論が必要になる．これを動力学的回折理論 (dynamical theory of diffraction) と呼ぶ．

3.2.6 熱振動の効果

これまで完全な結晶で考えてきた．しかし現実には原子は熱振動して理想的な位置にいない．この効果は式 (3.30) を，

$$F(S) = \sum_j f_j(S) \mathrm{e}^{-iS \cdot r_j} \mathrm{e}^{-M_j} \tag{3.39}$$

と修正することで結晶構造因子に含められる．ここで e^{-M_j} はデバイ・ワラー因子 (Debye-Waller factor) と呼ばれる[9]．デバイ・ワラー因子はデバイ温度が低い（柔らかい）物質や大きな散乱ベクトルで小さくなる．そして散乱は弱くなる．結晶に乱れがある場合もデバイ・ワラー因子で扱える．

3.2.7 格子面と逆格子ベクトル

式 (3.38) で結晶による散乱と逆格子ベクトルの関連が明らかになった．ここで数学的に導入した逆格子ベクトルについて図 3.4 の具体例で説明する．また逆格子ベクトルと格子面 (lattice plane) の関係や格子面を示す指数も説明する．

---

[9] デバイ・ワラー因子の導出については文献 D1 や D2 を参照のこと．

狭い意味の格子面は格子点を含む面である．これは以下のように決められる指数で簡便に表される．

- 注目している格子面のうち最も原点に近い面（原点を含まないものとする）が結晶軸 $\bm{a}_{1,2,3}$ と交わる点を見つける．
- 交点と原点の距離を $a_{1,2,3}$ を単位として求める．それらを p, q, r とする．
- $h = 1/p$, $k = 1/q$, $l = 1/r$ としたときに h, k, l が格子面の指数を与える．

図 3.4(b) の場合 $p = 1/2$, $q = 1$, $r = \infty$ である．これより面の指数は (2 1 0) であることがわかる．(−2 1 0) のように指数が負のときは $(\bar{2}\,1\,0)$ と記す．

(hkl) 面の法線は図 3.4(b) のように逆格子ベクトル $(h, k, l) = h\bm{b}_1 + k\bm{b}_2 + l\bm{b}_3$ で与えられる [10]．また逆格子ベクトル $\bm{H} = (h, k, l)$ で決まる格子面の間隔は $d_{hkl} = 2\pi/H$ になる [11]．例として図 3.4(a) で (1 1 0) 面と (2 2 0) 面を考えてみる．(2,2,0) 逆格子ベクトルは (1,1,0) 逆格子ベクトルと平行である．面間隔は半分なのでベクトルの長さは 2 倍になる．このように逆格子ベクトルには面の法線方向と面間隔の情報が含まれて便利である．

仮想的な格子面

ところで指数付けの手続きを逆にたどると (2 2 0) 面は $\bm{a}_{1,2}$ 軸と 1/2 で交わることがわかる．この面は格子点を含まない．(2 2 0) 面は格子面の概念を拡張した仮想的なものである．このように必ずしも逆格子ベクトルに対応した狭い

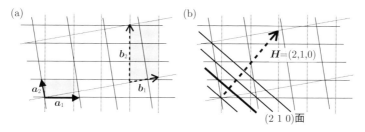

図 **3.4** 格子・逆格子・格子面・逆格子ベクトルの関係．(a) 格子（実線）と逆格子（点線）．基本ベクトルの $\bm{a}_3$ と $\bm{b}_3$ は紙面に垂直である．影を付けた領域が単位構造である．(b) (2 1 0) 面と (2, 1, 0) 逆格子ベクトルの関係．点線で示した逆格子ベクトルが格子面の法線になる．

---

[10] $[hkl]$ 方向 $(h\bm{a}_1 + k\bm{a}_2 + l\bm{a}_3)$ は立方晶以外では法線にならない．
[11] これらの性質は式 (3.22) から導ける．

意味での格子面が存在するとは限らない．一方で式 (3.37) からわかるように電子密度分布のフーリエ成分があれば回折が起こりえる．このとき仮想的な格子面を考えると便利である．

3.2.8 ダイヤモンド型構造の結晶構造因子

様々な結晶構造があるが，本書に関わりの深いダイヤモンド型構造について結晶構造因子の特徴を見ておく．これは立方晶系に属し，3 つの基本ベクトルの長さは等しく互いに直交する．したがって (hkl) 面の間隔は，

$$d_{hkl} = \frac{a}{\sqrt{h^2 + k^2 + l^2}} \tag{3.40}$$

となる．格子定数 a は単位格子の 1 辺の長さである．

図 3.5(a) のように単位格子の中には同種の原子が 8 個ある．座標は a を単位として $(0, 0, 0)$, $(0, 1/2, 1/2)$, $(1/2, 0, 1/2)$, $(1/2, 1/2, 0)$ の 4 点とこれらを $(1/4, 1/4, 1/4)$ ずらしたものである．8 点の座標よりダイヤモンド型構造の結晶構造因子は式 (3.30) を使って，

$$F_{hkl} = f(hkl)\left\{1 + e^{-\pi i(h+k)} + e^{-\pi i(k+l)} + e^{-\pi i(l+h)}\right\}\left\{1 + e^{-\frac{\pi}{2}i(h+k+l)}\right\}$$

と計算できる．なお $\boldsymbol{H} = (h, k, l)$ である．まず h, k, l に偶奇が混ざると $F_{hkl} = 0$ となる．それ以外の偶数または奇数のみからなる場合，

$$F_{hkl} = \begin{cases} 8f(hkl) & h+k+l = 4n \\ 4(1 \pm i)f(hkl) & h+k+l = 4n \pm 1 \\ 0 & h+k+l = 4n+2 \end{cases} \tag{3.41}$$

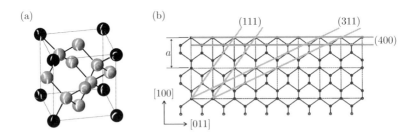

図 3.5　ダイヤモンド型構造．(a) 単位格子内の原子の位置．角の原子は濃くしてある．太線は結合を表す．(b) $[0\bar{1}1]$ 方向に見た図（後藤俊治博士のご厚意による）．格子面と原子の位置関係は指数の偶奇で異なる．

である．位相の意味は図 3.5(b) から理解できる．なおダイヤモンド型構造には反転対称性がある．その中心 (1/8, 1/8, 1/8) を原点にとると 3.2.4 項で議論したように F_{hkl} を実数にできる．

散乱される X 線の強さは式 (3.4)，(3.37) を通じて結晶構造因子に依存する．したがって逆格子ベクトルが存在しても結晶構造因子がゼロになると散乱は起きない．これを消滅則 (extinction rule) と呼ぶ．

3.3 ダーウィン流の X 線回折理論

ボルン近似の下では結晶が大きくなると散乱振幅が無限に大きくなってしまう．ある程度（数十ミクロン）以上の大きさになると複数回の散乱が起こる可能性を無視したためである．さらに結晶が完全なら，それぞれの散乱波を電場で足す必要がある（多重散乱）．これらを取り入れたのが動力学的回折理論である．動力学的回折理論は X 線の光学素子（第 4 章）で重要なので少し詳しく見ていく．この節では散乱理論の立場からダーウィン流で説明をする．

3.3.1 ブラッグ反射

ブラッグ (Bragg) 反射は図 3.6(a) に示したように隣り合う格子面で反射された X 線の位相がそろうときに起きる．この条件，つまりブラッグ条件は図から，

$$2d\sin\theta_\mathrm{B} = m\lambda \tag{3.42}$$

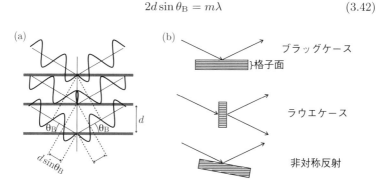

図 **3.6** ブラッグ反射．(a) 面間で生じる光路差が波長の整数倍に等しい．(b) 境界条件による違い．反射配置はブラッグケース，透過配置はラウエケースと呼ばれる．またそれぞれに対して散乱面内で格子面が表面から傾いた非対称反射がある．

と書ける．m は反射の次数を表す正の整数，d は格子面の間隔，θ_B はブラッグ角である．これをベクトルで表せば式 (3.38) が得られる．ブラッグ反射には境界条件により図 3.6(b) のようにいくつかの場合分けがある．以下では反射波が入射波の照射面から出てくるブラッグケース (Bragg case) について考えていく．

3.3.2 ダーウィン流の考え方

まず前節までの散乱理論を使って 1 枚の格子面での反射と透過を考える．それを多数の格子面での多重反射に拡張して結晶の反射率と透過率を議論する．

ダーウィンの理論は後で紹介するラウエ流ほど洗練されていないが直感的でわかりやすい．またラウエ流に比べて適応範囲も広い．例えば表面に異なる元素が吸着しているような場合にも使える．さらに後の第 7 章で議論するような非常に強い X 線のブラッグ反射を扱うときに，格子面を 1 枚 1 枚扱うダーウィン流の考え方が役立つかもしれない．

3.3.3 格子面の反射波

まず 1 枚の格子面からの反射を考える．図 3.7 のように xy 平面上に原子が並んでいるとする．ここに照射した平面波が原子に散乱されて点 P に作る電場を求める．平面波の波数ベクトルは yz 面内にあるとする．また波数ベクトルと PO は同じ角度 θ で y 軸と交わるとする．

点 P での電場は各原子からの散乱波の足し合わせになる．これは式 (3.4)，(3.15) を使って，

$$E_P = \iint \left\{ -r_e \rho_A C f(2\theta) E_O \frac{e^{iK(\eta\cos\theta + r_A)}}{r_A} \right\} d\xi d\eta \tag{3.43}$$

と表せる．ここで散乱ベクトル $\boldsymbol{S}$ の代わりに散乱角 2θ を原子散乱因子 f の引

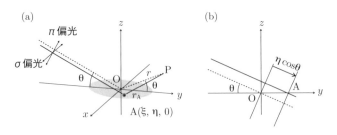

図 **3.7** 1 枚の格子面からの反射．

数にした．もう 1 つの引数 ω は省略した．また真空中の波数を K，原子の面密度を ρ_A，原子の座標を $A(\xi, \eta, 0)$，$r_A = \overline{AP}$ とした．C は偏光因子である．任意の完全に偏光した状態は独立な 2 つの偏光成分の線形結合で表せる．そこで図 3.7(a) のように散乱面 (yz 面) 内に電場が向いた π 偏光と，それと直交する x 方向に向いた σ 偏光を考えることにする．このとき，

$$C = \boldsymbol{\epsilon}'^* \cdot \boldsymbol{\epsilon} = \begin{cases} 1 & (\sigma \text{偏光}) \\ \cos 2\theta & (\pi \text{偏光}) \end{cases} \quad (3.44)$$

である．

今 $|\xi/r|, |\eta/r| \ll 1$ とすると r_A は [12]，

$$r_A = \sqrt{\xi^2 + (r\cos\theta - \eta)^2 + (r\sin\theta)^2} \simeq r - \eta\cos\theta + \frac{\xi^2 + \eta^2 \sin^2\theta}{2r} \quad (3.45)$$

と近似できる．ここで $\sqrt{1+x} = 1 + x/2 - x^2/8 + \cdots$ と展開して ξ, η の 2 次まで残した．上式より式 (3.43) は，

$$E_P = -r_e \rho_A C f(2\theta) E_O \frac{e^{iKr}}{r} \iint e^{iK(\xi^2 + \eta^2 \sin^2\theta)/2r} d\xi d\eta \quad (3.46)$$

と書ける．上の積分は $u = \sqrt{K/\pi r}\, \xi$, $v = \sqrt{K/\pi r}\, \eta \sin\theta$ と変数変換すると，

$$\iint e^{iK(\xi^2 + \eta^2 \sin^2\theta)/2r} d\xi d\eta = \frac{\pi r}{K \sin\theta} \int e^{i\frac{\pi}{2}u^2} du \int e^{i\frac{\pi}{2}v^2} dv$$

$$= \frac{\pi r}{K \sin\theta} \left(\int \cos\frac{\pi}{2} t^2 dt + i \int \sin\frac{\pi}{2} t^2 dt \right)^2$$

$$\simeq \frac{2\pi r}{K \sin\theta} i \quad (3.47)$$

と計算できる．最後にフレネル積分を 1/2 で近似した [13]．

以上より散乱波が P 点に作る電場は，

---

[12] この仮定は後の多重散乱では疑問である．ダーウィン理論の様々な欠陥については三宅静雄，固体物理 **8**, 547 (1973) が詳しい．この記事は動力学的回折理論を解説した全 10 回のシリーズの 1 編である．

[13] x が大きいときのフレネル積分は以下のとおり．

$$\int_0^x \sin\frac{\pi}{2} t^2 dt \simeq \frac{1}{2} - \frac{1}{\pi x}\cos\frac{\pi}{2} x^2, \quad \int_0^x \cos\frac{\pi}{2} t^2 dt \simeq \frac{1}{2} + \frac{1}{\pi x}\sin\frac{\pi}{2} x^2$$

$$E_{\mathrm{P}} = -i\frac{2\pi r_{\mathrm{e}}\rho_{\mathrm{A}} C f(2\theta)}{K\sin\theta} E_{\mathrm{O}} \mathrm{e}^{iKr} \tag{3.48}$$

と求まる．上式では入射波の位相に対して $-i = \exp(-\pi i/2)$ が余分にかかっている．つまり O を通る最短距離の経路に比べて回折波の位相は 4 分の 1 波長分だけ遅れる．O の周辺のある領域から少しずつ遅れた波が重なりあって 4 分の 1 波長分になったと理解される．この効果は 3.4.1 項で詳しく議論する．

3.3.4 格子面の透過波

次に透過波を計算する．これは図 3.7 で xy 面に対して P と鏡像の位置にある点 P' を考えれば反射波と同じ計算になる．透過波は各原子からの前方散乱の重ね合わせなので式 (3.48) の $f(2\theta)$ を $f(0)$ で置き換える．また散乱されずに格子面を通過した X 線も P' に到達する．2 つを足して，

$$E_{\mathrm{P}'} = \left\{1 - i\frac{2\pi r_{\mathrm{e}}\rho_{\mathrm{A}} f(0)}{K\sin\theta}\right\} E_{\mathrm{O}} \mathrm{e}^{iKr} \tag{3.49}$$

となる．なお前方散乱は偏光方向に依存しないので $C = 1$ とした．また前方散乱による透過光の減少は無視した．

3.3.5 結晶の反射率と透過率

式 (3.48) と式 (3.49) を見やすくするために，

$$q = \frac{2\pi r_{\mathrm{e}}\rho_{\mathrm{A}} C f(2\theta)}{K\sin\theta} = \frac{r_{\mathrm{e}}\lambda\rho_{\mathrm{A}} C f(2\theta)}{\sin\theta} \tag{3.50}$$

$$q_0 = \frac{2\pi r_{\mathrm{e}}\rho_{\mathrm{A}} f(0)}{K\sin\theta} = \frac{r_{\mathrm{e}}\lambda\rho_{\mathrm{A}} f(0)}{\sin\theta} \tag{3.51}$$

とおく．これらは $q, q_0 \sim r_{\mathrm{e}}\lambda\rho_{\mathrm{A}} \ll 1$ の小さい量である．式 (3.48), (3.49) より 1 枚の格子面での振幅反射率と振幅透過率は，

$$r = -iq \tag{3.52}$$

$$t = 1 - iq_0 \tag{3.53}$$

と書ける．次に図 3.8(a) のように格子面に裏から入射した場合についても同様の計算をする．この場合の振幅反射率と振幅透過率を，

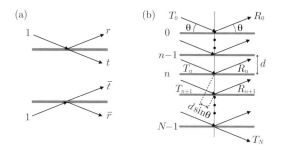

図 3.8　N 枚の格子面での反射と透過.

$$\bar{r} = -i\bar{q} \tag{3.54}$$

$$\bar{t} = 1 - i\bar{q}_0 = 1 - iq_0 = t \tag{3.55}$$

と書く．前方散乱には表裏の違いはない．反射波も図 3.7 のように格子面が原子単層の場合は $\bar{q} = q$ となる．格子面が深さ方向に構造をもつときは各原子の寄与を逆向きに足し合わせるので $\bar{q} \neq q$ である．

さて図 3.8(b) のように n 番目の格子面での反射と透過波の振幅を R_n，T_n とすると，

$$R_n = rT_n + e^{i\phi}\bar{t}R_{n+1} \tag{3.56}$$

$$T_{n+1} = e^{i\phi}tT_n + e^{2i\phi}\bar{r}R_{n+1} \tag{3.57}$$

と書ける．ϕ は面間を進む間の位相変化，

$$\phi = \frac{2\pi}{\lambda}d\sin\theta \tag{3.58}$$

に相当する．以下の計算は高橋 (T. Takahashi) らの方法 [6,7] に従う．式 (3.56) と式 (3.57) を，

$$\begin{pmatrix} T_n \\ R_n \end{pmatrix} = \frac{1}{t}\begin{pmatrix} e^{-i\phi} & -\bar{r}e^{i\phi} \\ re^{-i\phi} & (t\bar{t}-r\bar{r})e^{i\phi} \end{pmatrix}\begin{pmatrix} T_{n+1} \\ R_{n+1} \end{pmatrix} = A\begin{pmatrix} T_{n+1} \\ R_{n+1} \end{pmatrix} \tag{3.59}$$

と行列の形で書き直す．厚み Nd の結晶の表面 ($n = 0$) での振幅は裏面 ($n = N-1$) での振幅を用いて，

と書ける．これより振幅反射率 (R_0/T_0) と振幅透過率 (T_N/T_0) が計算できる．特に結晶が十分厚い場合は $N \to \infty$ の極限をとって，

$$\begin{pmatrix} T_0 \\ R_0 \end{pmatrix} = A^N \begin{pmatrix} T_N \\ 0 \end{pmatrix} \tag{3.60}$$

$$R = \frac{r}{\sqrt{r\bar{r}e^{2i\phi}}} \left(W \mp \sqrt{W^2 - 1} \right) \tag{3.61}$$

が得られる[14]．W は規格化した視射角で，

$$W = \frac{1 - (t\bar{t} - r\bar{r})e^{2i\phi}}{2\sqrt{r\bar{r}e^{2i\phi}}} \tag{3.62}$$

である．右辺の変数はすべて θ の関数である．

3.3.6 一般の結晶の場合

以上では単原子層の格子面を考えてきた．これを一般の結晶に拡張する．これには式 (3.50) や式 (3.51) の $f(2\theta)$ や $f(0)$ を結晶構造因子で置き換えて，

$$q = \frac{r_e \lambda d C F(2\theta)}{v_c \sin\theta} \tag{3.63}$$

$$q_0 = \frac{r_e \lambda d F(0)}{v_c \sin\theta} \tag{3.64}$$

とすればよい．ここで ρ_A も単位格子の面密度 d/v_c で置き換えた．このように簡単にできるのは式 (3.30) の結晶構造因子に原子位置による位相差が含まれるためである．なおダーウィン流では（次のラウエ流でも）単位格子の中はボルン近似を使っている．つまり暗黙のうちに単位格子が小さいと仮定している．

3.3.7 結晶の反射率曲線

結晶の反射率が視射角 (glancing angle)[15] に対してどのように変化するか見ていく．表面が (111) 面の無限に厚いシリコン結晶の場合を図 3.9 に示す．波長 1 Å で σ 偏光の平面波に対する計算である．図 3.9 (a) を見ると視射角が小

---

[14] r は複素数なので注意が必要である．$\sqrt{r\bar{r}}$ を $\sqrt{r}\sqrt{\bar{r}}$ とはできない．簡単な例では $\sqrt{(-1)(-2)} \neq \sqrt{-1}\sqrt{-2}$.

[15] X 線光学では面から測った視射角を使う．垂直から測る入射角 (incidence angle) は使わない．

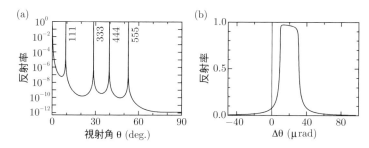

図 3.9 シリコン結晶の (111) 面の反射率曲線. 無限に厚い結晶に波長 1 Å, σ 偏光の平面波を照射した場合. (a) 視射角が $0 \sim 90°$ までの広い範囲. (b)111 反射の近傍. 横軸はブラッグ角 ($9.1757°$) からのずれ角.

さい領域では反射率が高いことがわかる. これは全反射領域と呼ばれる. 視射角が増えるにつれて反射率が急激に落ちていく. その後ブラッグ反射による鋭いピークが現れる. これらは順に式 (3.42) の $m = 1, 3, 4, 5$ の反射に対応する. 普通は次数の代わりに仮想的な格子面を考えて, 111, 333, 444, 555 反射と呼ばれる. 222 反射 ($m = 2$) は消滅則のため現れない[16].

グラフからわかるようにブラッグ条件から外れても反射率はゼロにならない. これは非線形過程で生じる微弱な信号を測定するときに問題になりえる. 例えば測定したい微弱な非線形信号が, 試料に散乱された X 線に埋もれる状況がよく起こる. 2 つの波長が近いとブラッグ反射を使った光学系だけでは信号を抽出できない可能性がある.

図 3.9 (b) に 111 反射の近傍を拡大して示す. このような視射角依存性を表した反射率曲線をロッキングカーブ (rocking curve) と呼ぶ. ピークは式 (3.42) で幾何学的に計算されるブラッグ角からずれる。後で議論する屈折のためである. ブラッグピークでは高い反射率をもつ. 1 枚の格子面からの反射は式 (3.50) からわかるようにかなり弱い. しかし図 3.6 のように多数の格子面からの反射波が位相をそろえて足されるためである. 反射率が 100%に届かないのは異常分散補正の虚部（吸収）のためである. 仮に吸収がなくても多重反射のため X 線は有限の深さまでしか侵入しない. これはピークに有限の幅が残ることと関係している. ただし図 3.9(b) の幅は 21 μrad($= 4.4$ 秒角 $= 0.0012$ 度) とかなり

---

[16] 式 (3.41) 参照. 実際には 222 反射などの禁制反射が観測される. 原子と原子の中間に結合電荷があるためである.

狭い．なお運動学的な式 (3.36) と違って反射幅は結晶サイズに依存しない．

3.3.8 ブラッグ反射の幅

後の議論で必要なのでブラッグ反射の幅を導出しておく [7]．以下では簡単のために背面反射 ($\theta_\mathrm{B} = 90°$) は考えない．視射角を $\theta = \theta_\mathrm{B} + \Delta\theta$ として式 (3.62) の W をブラッグ条件の近傍で展開する．まず面間の位相変化は式 (3.58) より，

$$\phi = \frac{2\pi}{\lambda} d \sin(\theta_\mathrm{B} + \Delta\theta) \simeq \frac{2\pi}{\lambda} d(\sin\theta_\mathrm{B} + \Delta\theta \cos\theta_\mathrm{B}) = m\pi + \frac{2\pi}{\lambda} d\Delta\theta \cos\theta_\mathrm{B}$$

と書ける．ここでブラッグ条件 $2d\sin\theta_\mathrm{B} = m\lambda$（$m$ は整数）を使った．このとき式 (3.62) は，

$$W = \frac{\pi v_\mathrm{c} \sin 2\theta_\mathrm{B}}{r_\mathrm{e} \lambda^2 |C| \sqrt{F_{\boldsymbol{H}} F_{\overline{\boldsymbol{H}}}}} \Delta\theta - \frac{F_0}{|C| \sqrt{F_{\boldsymbol{H}} F_{\overline{\boldsymbol{H}}}}} \tag{3.65}$$

と近似できる．$q, \bar{q}, q_0$ は小さいから途中で $t\bar{t} - r\bar{r} \simeq 1 - 2iq_0$ などとした．またブラッグ反射している格子面の逆格子ベクトルを $\boldsymbol{H}$ として，表面の結晶構造因子を $F_{\boldsymbol{H}} = F(2\theta_\mathrm{B})$，裏面を $F_{\overline{\boldsymbol{H}}}$，$F(0)$ を F_0 と記した．上式の第 2 項が図 3.9 (b) で見られた幾何学的なブラッグ角からのズレを与える．その大きさは $W = 0$ として $r_\mathrm{e} \lambda^2 F_0 / \pi v_\mathrm{c} \sin 2\theta_\mathrm{B}$ と求まる．

異常分散補正を無視すれば 3.2.4 項より $F_{\boldsymbol{H}}^0 = F_{\boldsymbol{H}}^{0*}$ だから W は実数になる．このとき式 (3.61) より $|W| < 1$ で全反射が起こる．全反射の角度幅は上式より，

$$w_\mathrm{D} = \frac{2r_\mathrm{e} \lambda^2 |C| \sqrt{F_{\boldsymbol{H}} F_{\overline{\boldsymbol{H}}}}}{\pi v_\mathrm{c} \sin 2\theta_\mathrm{B}} \tag{3.66}$$

となる．w_D をダーウィン幅と呼ぶ．物質や反射面などの条件に依存するが，普通は 10 μrad オーダーである．式 (3.36) で議論したように運動学的な取扱いでは反射幅が結晶の大きさに依存するのと対照的である．ダーウィン幅は反射率曲線の半値全幅ではないが，通常これが幅として用いられる．なお最初に述べたように上式は近似のため背面反射では使えない[17]．

上式を見ると π 偏光の反射幅は σ 偏光に比べて $|C| = |\cos 2\theta_\mathrm{B}|$ の分だけ狭いことがわかる．特に $\theta_\mathrm{B} = 45°$ はブラッグ反射のブリュースター角 (Brewster angle) にあたり反射がなくなる．これは X 線の偏光子に利用できる．

---

[17] $\theta_\mathrm{B} = 89°$ ぐらいが目安である．$\theta_\mathrm{B} = 90°$ 付近では ϕ の展開で $\Delta\theta^2$ まで必要になる．

3.3.9 全反射

図 3.9 の浅い視射角での全反射はブラッグ反射と並ぶ重要な現象である．この視射角依存性も導いておく [7]．θ が小さいので $q = \bar{q} = q_0$ と見なせる．ϕ も小さいので $e^{2i\phi} \simeq 1 + 2i\phi$ とする．このとき規格化された視射角は，

$$W \simeq 1 - \frac{\phi}{q_0} = 1 - \frac{2\pi v_{\mathrm{c}}}{r_{\mathrm{e}}\lambda^2 F_0}\sin^2\theta = 1 - \frac{1}{\delta'}\sin^2\theta \tag{3.67}$$

と近似できる．ϕq_0 の項も小さいので無視した．また，

$$\delta' = \frac{r_{\mathrm{e}}\lambda^2 F_0}{2\pi v_{\mathrm{c}}} \tag{3.68}$$

とおいた．δ' の物理的な意味は次節で議論する．振幅反射率は式 (3.61) より，

$$R \simeq -W - \sqrt{W^2 - 1} = \frac{\sin\theta - \sqrt{\sin^2\theta - 2\delta'}}{\sin\theta + \sqrt{\sin^2\theta - 2\delta'}} \tag{3.69}$$

と計算できる [18]．この平方根の中身が負になると $|R|^2 = 1$ になる．つまり F_0 の虚部（吸収）を無視すれば視射角が，

$$\theta \simeq \sin\theta < \sqrt{2\delta'} \tag{3.70}$$

で全反射することがわかる．

3.4 X 線の光学理論

これまで散乱理論の立場で議論してきた．しかし X 線の非線形光学現象を扱うときに原子による散乱に戻ってミクロに考えるのはあまりに原理主義的で煩雑である．代わりに波動方程式で光学的に X 線回折を扱う方法を紹介する．

3.4.1 格子面の透過波の位相と屈折率

はじめに散乱理論と光学理論の橋渡しとして屈折率を導入する．式 (3.49) を使って N 枚の格子面を通過した後の電場を計算する．q_0 は小さいので振幅透過率を $1 - iq_0 = \exp(-iq_0)$ と近似する．O 点から $l = Nd/\sin\theta$ 進んだ電場は，

---
[18] $(a - \sqrt{a^2 - b})/(a + \sqrt{a^2 - b})$ を有理化すれば確認できる．

$$E_{\mathrm{O}}(1-iq_0)^N \mathrm{e}^{iKl} \simeq E_{\mathrm{O}} \mathrm{e}^{-iNq_0} \mathrm{e}^{iKl} = E_{\mathrm{O}} \mathrm{e}^{iK(1-q_0 N/Kl)l}$$

$$= E_{\mathrm{O}} \exp\left\{ iK\left(1 - \frac{r_{\mathrm{e}}\lambda^2 F_0}{2\pi v_{\mathrm{c}}}\right) l \right\}$$

$$= E_{\mathrm{O}} \mathrm{e}^{inKl} \tag{3.71}$$

と計算できる．途中で式 (3.64) を使った．また，

$$n = 1 - \frac{r_{\mathrm{e}}\lambda^2 F_0}{2\pi v_{\mathrm{c}}} = 1 - \delta' \tag{3.72}$$

とおいた．式 (3.71) は物質中の波数は真空中の n 倍，つまり nK と見なせばよいことを示している．この n はマクロな電磁気学の屈折率に他ならない[19]．式 (3.68) で導入した δ' は屈折率の 1 からのずれを表している．このようにミクロな描像では位相のずれた前方散乱波が重なりあって生じる遅れが屈折率というマクロな量で簡単に記述できる．もちろん本書ではミクロなスケールでの平均値からのずれの影響が顕わになる場合が重要である．その扱いは次の 3.5 節でラウエ流の理論で見ていく．

δ' は実部と虚部に分けて扱う方が便利である．上式と式 (3.31) より，

$$n = 1 - \delta + i\beta \tag{3.73}$$

$$\delta = \frac{r_{\mathrm{e}}\lambda^2}{2\pi v_{\mathrm{c}}} \left\{ F_0^0 - \sum_j \Delta f_j'(\omega) \right\} \tag{3.74}$$

$$\beta = \frac{r_{\mathrm{e}}\lambda^2}{2\pi v_{\mathrm{c}}} \sum_j \Delta f_j''(\omega) \tag{3.75}$$

となる．F_0^0/v_{c} は平均の電子密度に相当する．図 2.2 に示したように $\Delta f''(\omega) > 0$ なので $\beta > 0$ である．本書の電磁波の定義 ($\mathrm{e}^{in\boldsymbol{K}\cdot\boldsymbol{r}}$ + c.c.) では β が正のとき吸収を表す．

最後に δ の大きさを見積もっておく．普通の物質では 1 Å 立方に大体 10 のオーダーの電子がある．波長 1 Å で見積もると，

$$\delta \sim 10^{-4} \tag{3.76}$$

となる．つまり屈折率は 1 よりわずかに小さくなる[20]．X 線領域で屈折率がほ

---

[19] 式 (3.72) は実用上問題ないが近似式である．n の正しい表式は式 (3.98) である．
[20] $n < 1$ でも群速度は光速を超えない．$v_{\mathrm{g}} = c/\{n + \omega(dn/d\omega)\} < c$ が示せる．

とんど 1 であることが可視光領域で慣れ親しんだレンズや鏡といった光学素子が使いづらい理由である．

3.4.2 全反射ミラー

空気（真空）の屈折率 $n_{\text{air}} = 1$ に比べて X 線に対する物質の屈折率 n_{m} は小さい．このため入射側の界面で全反射 (total reflection) が起こる．つまり図 3.10(a) のように視射角が臨界角 θ_{c} より小さくなると X 線は物質内に入れなくなる．スネル (Snell) の法則を使うと $\sin(90° - \theta_{\text{c}}) = n_{\text{m}}/n_{\text{air}}$ と書ける．n_{m} に屈折率の式 (3.72) を代入すると $\theta_{\text{c}} = \sqrt{2\delta'}$ となる．これはダーウィン理論で導いた式 (3.70) と同じである[21]．このように物質を一様な連続体と見なして得られた結果が原子からの散乱を顕わに扱った計算と一致することは興味深い．臨界角は式 (3.76) より $\theta_{\text{c}} \simeq 10$ mrad $\simeq 0.6°$ 程度とかなり小さいことがわかる．

式 (3.74) より $\theta_{\text{c}} \propto \lambda$ となるからミラーをローパスフィルターとして使うことができる．図 3.10(b) に示すように，ある波長（光子エネルギー）より短い（高い）と反射率が急激に低下する[22]．例えば 8 keV では 95 ％近い高い反射率があるが，2 倍の 16 keV では 2 ％弱に落ちる．さらに 3 倍の 24 keV になると

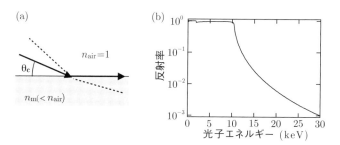

図 **3.10** 全反射ミラーの反射率．(a) スネルの法則により X 線は臨界角 θ_{c} 以下で物質内に侵入できず全反射される．(b) シリコン表面での反射率の光子エネルギー依存性．表面が完全に平坦な理想的な場合に視射角 3 mrad(0.172°) にて計算 [4]．2.5 keV 付近のくぼみはシリコンの K 吸収端による．

---

[21] 振幅反射率は式 (3.69) の $2\delta'$ を式 (3.72) で書き直した以下の式が一般的である．

$$R(\theta) = \frac{\sin\theta - \sqrt{n_{\text{m}}^2 - \cos^2\theta}}{\sin\theta + \sqrt{n_{\text{m}}^2 - \cos^2\theta}} \tag{3.77}$$

[22] http://henke.lbl.gov で計算できる．吸収や屈折率も計算できて便利である．

0.3 ％程度になる．ミラーを 2 枚使えば高光子エネルギー領域の X 線を 4 ～ 6 桁程度も弱くできる．また表面を曲面（楕円面）に加工して集光ミラーとしても使える．集光は X 線非線形光学の実験で有用なので 4.2.3 項で紹介する．

3.4.3　多層膜ミラー

　全反射ミラーは母材をそのまま使うので構造が単純という利点がある．しかし大きな視射角や高い光子エネルギーでは反射率が激減してしまう．この弱点を補強したものが多層膜ミラー (multilayer mirror) である．多層膜ミラーは密度の異なる厚さ数 nm の層を交互に積み重ねたものである．ブラッグ反射と同じように，臨界角以上でも各層からの反射波が強め合う視射角で高い反射率が得られる．多層膜ミラーは反射角を大きく取れるので開口数 (NA, numerical aperture) を大きくできる．全反射ミラーに比べて集光サイズを小さくできて非常に高強度の X 線を生成できる．ダーウィンの理論と同じようにして反射率を求められる．

3.5　ラウエ流の動力学的 X 線回折理論

　ダーウィン流の考え方は結晶内の電磁波の振る舞いがわかりづらいという欠点がある．ブラッグ反射に伴う様々な現象をより良く理解するためには結晶中での波動場を顕わに扱うラウエ流が適している．すでにダーウィン流の理論でブラッグ反射の基本は説明したので，以下では X 線の非線形光学に関係する複屈折までを取り上げる．

　ダーウィン流では式 (3.60) のように結晶の周期性を利用した．それ以上にラウエ流でも結晶の数学的な特徴を活用する．このために無限に大きい結晶で計算して最後に適当な境界条件を入れる．この点は厳密さを欠くが，動力学的な効果が顕著になるほどの大きさの結晶では事実上問題はない．後の第 5 章と第 6 章で非線形光学過程を扱うときも同じようにする．

3.5.1　ミクロなマクスウェルの方程式

　第 2 章で議論したようにミクロに見れば電磁波にとっての物質は真空中を運動している点電荷の集合である．このとき物質中のミクロなマクスウェルの方

程式 (Maxwell's equations) は，

$$\nabla \times \mathcal{E} = -\frac{1}{c}\frac{\partial \mathcal{B}}{\partial t} \tag{3.78}$$

$$\nabla \times \mathcal{B} = \frac{1}{c}\frac{\partial \mathcal{E}}{\partial t} + \frac{4\pi}{c}\mathcal{J} \tag{3.79}$$

$$\nabla \cdot \mathcal{E} = 4\pi\rho \tag{3.80}$$

$$\nabla \cdot \mathcal{B} = 0 \tag{3.81}$$

と書ける．ここで $\mathcal{B}$ は磁場（感応磁場，magnetic induction）である[23]．$\mathcal{E}$, $\mathcal{B}$, $\mathcal{J}$, ρ はミクロな量で X 線の波長のスケールで場所に依存する．これまで同様に以下でも式 (2.1) のような複素共役の和の片側だけを考える．

3.5.2 波動方程式

まずマクスウェルの方程式から波動方程式を導出する．式 (3.78) と式 (3.79) から磁場を消去して，

$$\nabla \times (\nabla \times \boldsymbol{E}) + \frac{1}{c^2}\frac{\partial^2 \boldsymbol{E}}{\partial t^2} = -\frac{4\pi}{c^2}\frac{\partial \boldsymbol{J}}{\partial t} \tag{3.82}$$

を得る．真空中と違って物質中では $\boldsymbol{E}$ は横波にならない．しかし X 線領域では ρ や $\boldsymbol{J}$ の寄与は小さいので $\nabla \cdot \boldsymbol{E} = 0$ と近似する．このとき，

$$\nabla \times (\nabla \times \boldsymbol{E}) = \nabla(\nabla \cdot \boldsymbol{E}) - \nabla^2 \boldsymbol{E} \simeq -\nabla^2 \boldsymbol{E} \tag{3.83}$$

となる．これより式 (3.82) は，

$$\nabla^2 \boldsymbol{E}(\boldsymbol{r},t) - \frac{1}{c^2}\frac{\partial^2 \boldsymbol{E}(\boldsymbol{r},t)}{\partial t^2} - \frac{4\pi}{c^2}\frac{\partial \boldsymbol{J}(\boldsymbol{r},t)}{\partial t} = 0 \tag{3.84}$$

となる．上式では引数の $\boldsymbol{r}$ と t を顕わに書いた．

ラウエ流では k-ω 空間で考えるので上式をフーリエ変換する．$\boldsymbol{E}(\boldsymbol{r},t)$ は，

$$\boldsymbol{E}(\boldsymbol{r},t) = \frac{1}{(2\pi)^4}\iint \tilde{\boldsymbol{E}}(\boldsymbol{k},\omega)e^{i(\boldsymbol{k}\cdot\boldsymbol{r}-\omega t)}d\boldsymbol{k}d\omega \tag{3.85}$$

と逆フーリエ変換で書ける．$\boldsymbol{J}(\boldsymbol{r},t)$ も同様である．2つを式 (3.84) に代入して，

---

[23] 真空中に点電荷が分布していると考えるので，$\mathcal{D}$(電気変位，electric displacement) と $\mathcal{H}$(磁場，magnetic field) は不要である．

$$\left(-k^2 + \frac{\omega^2}{c^2}\right)\tilde{\boldsymbol{E}}(\boldsymbol{k},\omega) + \frac{4\pi i\omega}{c^2}\tilde{\boldsymbol{J}}(\boldsymbol{k},\omega) = 0 \qquad (3.86)$$

という $\boldsymbol{k}$-ω 空間の波動方程式が得られる.

3.5.3 結晶中の基本方程式

結晶という具体的な舞台を設けて前式からラウエ流の動力学的回折理論の基本方程式を導く. 以下では単色の電磁波で考えて ω の表記を省略する.

結晶中では電磁波は周期的な電子密度分布と相互作用をして変調を受ける. ブロッホ (Bloch) の定理により, 波数ベクトル $\boldsymbol{k}_0$ の電磁波は

$$\boldsymbol{E}(\boldsymbol{r}) = \boldsymbol{u}_{\boldsymbol{k}_0}(\boldsymbol{r}) e^{i\boldsymbol{k}_0 \cdot \boldsymbol{r}} \qquad (3.87)$$

とブロッホ関数で書き表すことができる. $\boldsymbol{u}_{\boldsymbol{k}_0}(\boldsymbol{r})$ は結晶格子の周期をもつ関数である. 一般に結晶格子の周期をもつ関数は式 (3.27) のように逆格子ベクトルで級数展開できる. 同様に結晶中の電磁波も,

$$\boldsymbol{E}(\boldsymbol{r}) = \left(\sum_H \boldsymbol{E}_H e^{i\boldsymbol{H}\cdot\boldsymbol{r}}\right) e^{i\boldsymbol{k}_0 \cdot \boldsymbol{r}} = \sum_H \boldsymbol{E}_H e^{i\boldsymbol{k}_H \cdot \boldsymbol{r}} \qquad (3.88)$$

と表せる. ここで $\boldsymbol{k}_H$ は,

$$\boldsymbol{k}_H = \boldsymbol{k}_0 + \boldsymbol{H} \qquad (3.89)$$

である. 式 (3.88) のフーリエ変換は,

$$\tilde{\boldsymbol{E}}(\boldsymbol{k}) = (2\pi)^3 \sum_H \boldsymbol{E}_H \delta(\boldsymbol{k} - \boldsymbol{k}_H) \qquad (3.90)$$

である.

以上より電流密度は式 (2.13), (3.26) を使って,

$$\begin{aligned}
\tilde{\boldsymbol{J}}(\boldsymbol{k}) &= -\frac{i\omega}{(2\pi)^3} \int \tilde{\alpha}_{\mathrm{x}}(\boldsymbol{k}-\boldsymbol{k}') \tilde{\boldsymbol{E}}(\boldsymbol{k}') d\boldsymbol{k}' \\
&= -i\omega \int \tilde{\alpha}_{\mathrm{x}}(\boldsymbol{k}-\boldsymbol{k}') \sum_G \boldsymbol{E}_G \delta(\boldsymbol{k}' - \boldsymbol{k}_G) d\boldsymbol{k}' \\
&= -i\omega \sum_G \tilde{\alpha}_{\mathrm{x}}(\boldsymbol{k}-\boldsymbol{k}_G) \boldsymbol{E}_G
\end{aligned}$$

$$= -i\omega \frac{(2\pi)^3}{v_c} \sum_{G,L} \alpha_L^{\text{cell}} \delta(\bm{k} - \bm{k}_G - \bm{L}) \bm{E}_G$$

$$= -i\omega \frac{(2\pi)^3}{v_c} \sum_{H,G} \alpha_{H-G}^{\text{cell}} \bm{E}_G \delta(\bm{k} - \bm{k}_H) \tag{3.91}$$

と計算できる．最後で $\bm{G}+\bm{L}=\bm{H}$ とおいて $\bm{k}-\bm{k}_G-\bm{L}=\bm{k}-\bm{k}_H$ などとした．

上式と式 (3.90) を波動方程式 (3.86) に代入して，

$$\left(k_H^2 - K^2\right) \bm{E}_H - \sum_G 4\pi K^2 \frac{\alpha_{H-G}^{\text{cell}}}{v_c} \bm{E}_G = 0 \tag{3.92}$$

を得る．ここで $\omega/c = K$ と真空中の波数で置き換えた．

3.5.4 分極率と感受率と局所場補正

実は前式には 1 つ問題がある．前式は原子の分極率を結晶構造に合わせて配置し，波動方程式を解いた結果である．ところがある電子が感じる電場は必ずしも照射した電磁波のその位置での電場だけではない．それ以外に周囲の電流が作る電場もある．これは密度の高い結晶で無視できない難しい問題を引き起こす可能性がある．逆に気体のような孤立した原子や分子では問題にならない．

この問題の対処法の 1 つにマクロな電磁気学で使われる局所場補正の考え方がある．例えば誘電体ではローレンツ (Lorentz) の局所場補正を行って，

$$\chi = \frac{\alpha}{1 - 4\pi\alpha/3} \tag{3.93}$$

で与えられる感受率 (susceptibility) を使う．もちろん物質を均一に扱う上式の考え方は X 線にはそのままでは使えない．しかし式 (3.33) などからわかるように X 線の分極率はかなり小さい．このため X 線領域では結晶でも分極率と感受率は同じと見なされる．

そこで結晶のミクロな感受率のフーリエ係数を，

$$\chi_H = \frac{\alpha_H^{\text{cell}}}{v_c} = -\frac{1}{4\pi} \frac{r_e \lambda^2}{\pi v_c} F_H \tag{3.94}$$

と定義する [24]．このとき結晶のミクロな感受率は，

---

[24] 日本では感受率の呼び名が優勢であるが，海外では χ を分極率と呼ぶ教科書が多い．ミクロな量であるという意味では α を使って分極率と呼ぶべきかもしれない．なお X 線回折の教科書では感受率を $\chi = 4\pi\alpha$ と定義するので注意が必要である．4π を含めると式が見やすくなるが，電磁気学との対応は悪くなる．

$$\chi(\boldsymbol{r}) = \sum_H \chi_H \mathrm{e}^{i\boldsymbol{H}\cdot\boldsymbol{r}} \tag{3.95}$$

と書ける．こうすると式 (3.27) より $\chi(\boldsymbol{r}) = \alpha_{\mathrm{x}}(\boldsymbol{r})$ となる．以上より式 (3.92) は χ_H を使って，

$$\left(k_H^2 - K^2\right)\boldsymbol{E}_H - \sum_G 4\pi K^2 \chi_{H-G} \boldsymbol{E}_G = 0 \tag{3.96}$$

と書き直せる．これを結晶中に複数の波がある一般の場合に成り立つ動力学的回折理論の基本方程式として使う．

局所場の問題がないことは X 線の光学にとって重要である．このために第 2 章から組み立ててきた孤立原子に対するミクロな計算をそのまま結晶に対して使える．そして理論計算は実験結果と良く一致する．逆に可視光の領域では結晶の光学応答をミクロに計算するのは難しい．

3.5.5 ブラッグ条件から遠い場合

ブラッグ条件から十分に離れている場合には入射波以外の波は無視できる．式 (3.96) で $\boldsymbol{E}_0$ 以外をゼロとして，

$$k_0 = nK \tag{3.97}$$

$$n = \sqrt{1 + 4\pi\chi_0} = \sqrt{1 - \frac{r_\mathrm{e}\lambda^2}{\pi v_\mathrm{c}} F_0} \tag{3.98}$$

を得る．これが屈折率 n の正しい表式である．式 (3.73) は上式の近似 ($n \simeq 1 + 2\pi\chi_0$) である．

3.5.6 2 波近似

次にブラッグ条件の近傍を考える．このとき入射波以外に格子面で反射された波も無視できない振幅をもつ．それでも複数の強い反射波が生じること（同時反射）は稀である．そこで入射波と反射波の 2 波だけが強い場合を考える．これを 2 波近似と呼ぶ．物質中の波動場は式 (3.88) より，

$$\boldsymbol{E}(\boldsymbol{r}) = \boldsymbol{\epsilon}_0 E_0 \mathrm{e}^{i\boldsymbol{k}_0\cdot\boldsymbol{r}} + \boldsymbol{\epsilon}_H E_H \mathrm{e}^{i\boldsymbol{k}_H\cdot\boldsymbol{r}} \tag{3.99}$$

と書ける．このとき式 (3.96) に左から $\boldsymbol{\epsilon}_0^*$ や $\boldsymbol{\epsilon}_H^*$ をかけて，

3.5 ラウエ流の動力学的 X 線回折理論

$$(k_0^2 - k^2)E_0 - 4\pi K^2 C \chi_{\bar{H}} E_H = 0 \quad (3.100)$$

$$(k_H^2 - k^2)E_H - 4\pi K^2 C^* \chi_H E_0 = 0 \quad (3.101)$$

を得る．ただし $C = \boldsymbol{\epsilon}_0^* \cdot \boldsymbol{\epsilon}_H$ である．また $k = \sqrt{(1+4\pi\chi_0)}K = nK$ は屈折率（平均の感受率）から決まる物質中の波数である．この連立方程式が $E_0 = E_H = 0$ 以外の非自明な解をもつには行列式がゼロである必要がある．すなわち，

$$(k_H^2 - k^2)(k_0^2 - k^2) = 16\pi^2 K^4 |C|^2 \chi_H \chi_{\bar{H}} \quad (3.102)$$

でなければならない [25]．

3.5.7 2 波近似の分散面

式 (3.102) を見ると，ブラッグ条件近傍では $\boldsymbol{k}_{0,H}$ が $\boldsymbol{k}_0 = n\boldsymbol{K}$ や $\boldsymbol{k}_H = n\boldsymbol{K} + \boldsymbol{H}$ から変化することがわかる．この理由を以下に定性的に説明する．z 軸を逆格子ベクトル $\boldsymbol{H}$ と反平行にとって考える．式 (3.99) の z 軸方向の強度依存性を求めると，

$$I(z) \propto \left| E_0 \mathrm{e}^{ik_{0z}z} + E_H \mathrm{e}^{ik_{Hz}z} \right|^2 = \left| E_0 \mathrm{e}^{ik_{0z}z} + E_H \mathrm{e}^{i(k_{0z}+H)z} \right|^2$$
$$= |E_0|^2 + |E_H|^2 + 2|E_0||E_H|\cos(2\pi z/d + \varphi) \quad (3.103)$$

となる．これは格子面間隔 $d = 2\pi/H$ をもった定在波を表す．φ は $E_{0,H}$ より決まる位相項である．

入射 X 線と物質の相互作用の強さは定在波の腹（節）と格子面との位置関係に依存する．もし定在波の腹が $\chi_H (<0)$ をもつ格子面上にあれば物質との相互作用は強くなる．そして物質中の波数ベクトルは平均の感受率から予想される $\sqrt{1+4\pi\chi_0}K = nK$ よりも小さくなる．逆に節が格子面に一致すれば波数ベクトルは大きくなる．

これを波数空間で表すと図 3.11(a) のようになる．$\mathrm{L_a}$ で定在波の周期が格子面間隔に一致する．その近傍では波数ベクトルの始点を決める分散面 (dispersion surface) は自由光子球からずれている．これが式 (3.102) の意味することである．このような現象は同じエネルギーをもつ複数の状態が混ざり合うときに普

---

[25] 式 (3.102) から結晶中の波動場を決定するのは長い議論になるので省略する．詳しくは文献 D1 や D3 を参照のこと．

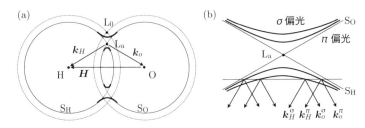

図 3.11 分散面の模式図. (a) 分散面を k_0 と k_H が張る面（散乱面）で切った断面図. S_O と S_H は波数が nK の自由な X 線の分散面（自由光子球）. 外側は半径 K の円. L_0 と L_a はそれぞれローレンツ点とラウエ点と呼ぶ. L_a 近傍で多重反射により 2 枚に分離する. 分散面上のどこが波数ベクトルの始点になるかは境界条件で決まる. (b) 分散面の偏光依存性. L_a 付近を拡大してある. σ 偏光と π 偏光で分散面が異なる. 図 3.6(b) の対称ブラッグケースでは境界条件で決まる水平線と分散面の交点が励起される. 水平線が L_a 付近に来ると交点がなくなり全反射する.

遍的に見られるものである. 例えば 2 つの原子が分子を形成するとき結合性軌道と反結合性軌道に分離したり，ゾーン境界でバンドギャップが開くのも同じことである.

3.5.8 複屈折

式 (3.102) の右辺には偏光因子 C が含まれている. このため L_a 近傍での分散面は図 3.11(b) のように σ 偏光と π 偏光で 2 葉に分離する. そしてブラッグ条件の近傍では物質中での波数ベクトルの長さは偏光方向に依存する. これは複屈折 (birefringence) にあたる. ただし波数ベクトルの大きさの違いは χ_H 程度と非常に小さい.

第4章 基本的なX線光学系

　メガネや鏡といった光学素子が身近にある可視光領域と違って，普通に生活していてX線の光学系に触れる機会は皆無であろう．しかもX線領域の光学素子は可視光のものとかなり違う．後の章ではX線非線形光学の実験をいくつか取り上げる．その予備知識としてX線光学の実践的な面と関連する光源や検出器などについて簡単に説明する．最後にX線光学を使った非線形結晶の選別法も紹介する．

4.1　X線光源

　X線非線形光学の実験を行うには強いX線が必要になる．そのようなX線は加速器をベースとした大型の放射光施設で利用できる．現在は蓄積リング (storage ring) 型の第3世代の放射光施設が主流である．またX線非線形光学で待ち望まれたX線自由電子レーザー施設も日本と米国ですでに稼働し始めた [1,2]．こちらは線型加速器を使う．以下に2つの光源の簡単な原理と特徴を示す．

4.1.1　蓄積リング

　蓄積リングは図4.1(a) のような円形加速器である．電子は偏向電磁石により進行方向を曲げられて周回している．電子は曲がるときにシンクロトロン放射 (synchrotron radiation) によってエネルギーを失う．失った分は高周波加速空洞で再加速されて補われる．例えばSPring-8の加速空洞は周波数508 MHzで最大加速電圧16 MVである．これによって周長1,436 mの蓄積リングに100 mAの電子ビームをエネルギー8 GeVで周回させている．偏向電磁石間の直線部分

にアンジュレータ (undulator) と呼ばれる高輝度のX線を発生させる装置が多数設置されている.

アンジュレータ

アンジュレータは図 4.1(b) のような磁石列の作る交代磁場で電子を蛇行させる. 物質中の振動電流と同じように蛇行する電子も電磁波を放射する. その線幅はフーリエ変換の関係から磁石列の周期数 N_m の逆数程度になる. N_m が大きければ単色性の高いビームが得られる. また磁石列の周期長 λ_u も大事なパラメータである. 例えばSPring-8 の標準型アンジュレータの場合は $N_\mathrm{m} = 140$ で $\lambda_\mathrm{u} = 32$ mm である. 長い λ_u でX線が出る理由を以下で説明する.

光速に近い相対論的な電子はローレンツ因子 (Lorentz factor) によって特徴づけられる. 8 GeV のエネルギーをもつ電子のローレンツ因子は,

$$\gamma = \frac{E}{mc^2} = \frac{8 \text{ GeV}}{511 \text{ keV}} = 1.6 \times 10^4 \tag{4.1}$$

である. この電子の速さは $v/c = \sqrt{1-\gamma^{-2}}$ より光速の 99.9999998%に達する.

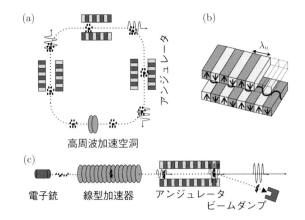

図 4.1 X線光源の模式図. (a) 蓄積リングベースの場合. 電子ビームは偏向電磁石（省略）により周回軌道を回っている. 電子ビームのエネルギーは高周波加速空洞で一定に保たれる. 直線部に設置されたアンジュレータからのX線が使える. (b) アンジュレータの模式図. 磁石の作る磁場により電子は蛇行して高輝度の準単色X線を放射する. (c) 線型加速器ベースのX線自由電子レーザーの場合. 電子ビームは直線状の加速器で加速される. その後非常に長いアンジュレータ内でX線レーザーを発振させる. 発振後の電子ビームはビームダンプに廃棄される.

ほぼ光速で運動する電子にはローレンツ変換により周期長が $\lambda_\mathrm{u}/\gamma$ に縮んで見える．そしてこの電子が放射した電磁波の周波数はドップラーシフト (dopper shift) して大体 γ 倍になる．2 つの効果で観測される波長は $\lambda_\mathrm{u}/\gamma^2$ 程度になる．SPring-8 の場合は 8 桁短くなって X 線になる．X 線の波長は向かい合う磁石列の間隔（ギャップ, gap）である程度調節できる [1]．ギャップを狭めれば磁場は強くなる．電子は大きく蛇行して周波数（波長）が下がる（長くなる）．

もう 1 つ重要な効果はローレンツ変換により放射が進行方向に集中することである．その角度発散はアンジュレータの周期数にも依存して $1/\sqrt{N_\mathrm{m}}\gamma$ rad 程度になる．SPring-8 では γ が大きいので 10 μrad 程度しかない．アンジュレータ放射が高輝度な理由である．実際には電子ビームの影響も加えた,

$$\sigma_\mathrm{r} \simeq \sqrt{\lambda/L + \sigma_\mathrm{e}^2} \tag{4.2}$$

になる [2]．L はアンジュレータの長さ，σ_e は電子ビームの角度発散である．次節で見るように光源の角度発散は後段の光学系に影響する重要な量である．

第 6 章で議論する X 線パラメトリック下方変換の実験を行った SPring-8 の BL19LXU のスペクトルを図 4.2(a) に示す．幅の狭い準単色 X 線が放射されて

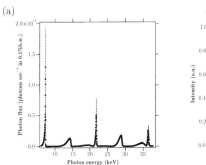
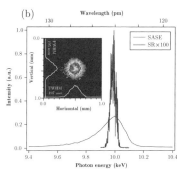

図 **4.2** アンジュレータのスペクトル．(a) 蓄積リングベースのアンジュレータの場合（SPring-8 の BL19LXU [8]）．5 次高調波まで見えている．(b)X 線自由電子レーザーの場合（SACLA の BL3 [2]）．10 ショットの平均でも SASE 方式によるスパイク状の構造が見える．幅広のスペクトルは自発放射である．自発放射の強さは 100 倍して見やすくしてある．

---

[1] 波長は $\lambda = C_0 + C_1 e^{-C_2 g}$ でギャップ g に依存する．$C_{0,1,2}$ は定数．
[2] $\lambda_\mathrm{u} \simeq \gamma^2\lambda$ より $L = N\lambda_\mathrm{u} \simeq N\gamma^2\lambda$ である．発散角はガウス曲線の標準偏差なので半値全幅にするには $2\sqrt{2\ln 2} = 2.35$ 倍する．

いることがわかる．なおアンジュレータ内の電子軌道は正弦波から歪むので λ_u に対応した基本波以外に高次高調波も発生する．

4.1.2 X線自由電子レーザー

　第3世代放射光施設のアンジュレータからのX線は高輝度であるが，X線領域で様々な非線形光学過程を研究するには強度が足りない．そこでX線自由電子レーザーが必要になる．X線自由電子レーザーの光源にもアンジュレータが用いられる．2者の違いは電子1つひとつが放射する電磁波の重なり方にある．

　蓄積リングの電子ビームではX線の波長のスケールで見ると N_e 個の電子はランダムに分布している．このため放射パワーは各電子からのパワーの和になって N_e に比例する．もし電子が波長の間隔で完全に整列していれば電磁波は波として足される．振幅が N_e に，放射パワーは N_e^2 に比例する．$N_\mathrm{e} \sim 10^{10}$ なので大きな利得が期待できる．これがX線自由電子レーザーが強力な理由である．

　上の仕組みを使った発振原理を理解するためにアンジュレータ内に電磁波があるときの電子の運動を考える．電磁波の波長はアンジュレータの周期に一致するもの（共鳴条件下）とする[3]．このとき図4.3のように電場と電子軌道は場所によらない決まった位相関係をもつ．黒丸と白抜きで示した電子は電場からのローレンツ力によって，それぞれ減速と加速を受ける．相対論的な電子は加減速を受けても速度がほとんど変わらない．一方でエネルギーは変化してローレンツ因子 γ は電場の周期で変調を受ける．

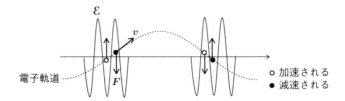

図 4.3　アンジュレータ内での電子と放射場の相互作用．電子は電場によるローレンツ力を受けて電場の節の位置に集まっていく．力が一番強くなる場合を示したが，電子が進んでいっても同じ方向に力を受ける．なお電場と軌道の位相関係には任意性がある．

---

[3] 実際は共鳴から少しずれた条件で発振する．X線自由電子レーザーに関しては 2013 年の高エネルギー加速器セミナー OHO のテキストを勧める．http://accwww2.kek.jp/oho/oho13/text.html より入手できる．

相対論的な電子が磁場から受けるローレンツ力は $m\gamma\dot{\boldsymbol{v}} = -e\boldsymbol{v}\times\boldsymbol{B}/c$ となり γ に依存する．例えばエネルギーの低い（γ の小さい）電子は蛇行が大きくなり遅れていく．こうしてエネルギー変調は密度変調に変換されて電子は電場の節の位置に集まってくる．もとの電磁波と同じ周期で変調された電子ビームからの放射が重なって，アンジュレータ内の電場強度が上がる．

以上の過程が協調的に起こって放射パワーが指数関数的に上がっていく．可視光レーザーが反転分布からの誘導放出を使うのとは原理が異なる．

(a) SASE 方式

電子密度の変調を十分に発達させるには長い間電子と電磁場を相互作用させる必要がある．赤外の自由電子レーザーでは共振器を利用する．しかし X 線領域では実用的な共振器を構築できない．そこで現在はアンジュレータを十分に長く（約 100 m）して相互作用距離を稼いでいる．ただし放射パワーはいずれ飽和する．これには発振過程で電子ビームがエネルギーを失って共鳴条件から外れるなどの要因がある．

X 線自由電子レーザーでは図 4.1(c) のような線型加速器が使われる．電子軌道を大きく曲げないので電子ビームの質（サイズ，角度発散，エネルギー広がり）の劣化を避けられる．これにより電子と電磁場との相互作用を有効に利用できる．また電子密度が高い方が効率良く密度変調できる．さらに飽和時のパワーも大きくできる．そこで電子ビームを進行方向に強く圧縮する．これは利用者にとっても高強度 X 線やフェムト秒の超短パルスが使えて好都合である．1 度レーザー発振に使った電子ビームは再利用できないため廃棄される．このため平均電流を高くするのは難しい[4]．

上の方式では共振器がないので発振が不安定になるという難点がある．最初に発生した電磁場（確率的な自発放射）に引きずられて電子密度の変調はショットごとに微妙に異なる．このため X 線レーザーのスペクトルやパワーはショットごとに変化する．このような放射を SASE (self-amplified spontaneous emission, 自己増幅型自発放射) と呼ぶ．SASE 方式の X 線自由電子レーザーでは多数のモードで発振が起こる．これが図 4.2(b) のスパイク状の構造に対応する．スペクトルと間接的にフーリエ変換で結ばれる時間構造にも図 4.4 のようにスパイ

---

[4] もし 8 GeV，100 mA の電子ビームを再利用できないと最低でも 800 MW（原子力発電所 1 基程度）の電力が必要になる．

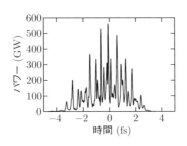

図 **4.4** SASE の時間構造のシミュレーション例（田中隆次博士のご厚意による）[9].

クが現れる．これは第 7 章で扱う多光子過程で重要になる．

(b) X 線自由電子レーザーの高度化

共振器がなくても種光（シード光）を入れれば発振過程をある程度制御できる．このために自己シード（セルフシード，self seeding）法が考えだされた．名前の通り前段のアンジュレータからの SASE を分光して種光として使う [10]．SASE 方式に比べて発振波長が固定され，スペクトル幅も狭くなり，レーザーの質が向上することが報告されている [11]．別の方法として極端紫外の自由電子レーザーでは赤外レーザーの高次高調波を種光にして安定化に成功している [12]．しかし今のところ X 線領域では高次高調波は使えない．

X 線の非線形光学に関わるもう 1 つの重要な進展として 2 色発振がある．アンジュレータを 2 つに分割することで 2 つの異なる光子エネルギーで発振させられる [13]．例えば SACLA では 30% 程度の分離が可能である．1 色発振に比べてより高度な非線形過程が利用できるようになる．

4.1.3 光源比較

最後に蓄積リングと X 線自由電子レーザーの光源性能を表 4.1 にまとめておく．蓄積リングの値は本書で紹介する X 線非線形光学実験を行った SPring-8 の BL19LXU [14] のものである．BL19LXU のアンジュレータは $N_\mathrm{m} = 780$ と標準型より多く強い X 線が使える [8]．平均フラックスや安定度では蓄積リングの SPring-8 が圧倒している．非線形光学で重要なピークパワーは X 線自由電子レーザーの SACLA が 8 桁も高い．なお SACLA の BL3 のアンジュレータは $N_\mathrm{m} = 5{,}817$, $\lambda_\mathrm{u} = 18$ mm である．

表 4.1 SPring-8 の BL19LXU と SACLA の BL3 の光源比較（2015 年末時点）。下段は 10 keV でのおおよその値.

	SPring-8 BL19LXU	SACLA BL3
光子エネルギー	7 – 19 keV[a]	4 – 15 keV
ビームサイズ[b]	1×1 mm^2	0.3 mmϕ
パルス幅	40 ps	< 10 fs
繰返し	508 MHz	30 Hz
平均フラックス	10^{16} photons/s[c]	10^{13} photons/s
ピークフラックス	10^{18} photons/s[c]	10^{25} photons/s
ピークパワー	1 kW[c]	100 GW
安定性	0.03 %	8 %
バンド幅	100 eV	30 eV
スペクトル密度	10^{14} photons/eV s	10^{11} photons/eV s

a) 標準型のアンジュレータでは 4 – 19 keV. b) 試料位置での値. c) 試料位置では 2 結晶分光器のバンド幅（2 eV 程度）により約 1/50 になる.

4.2 光学素子

第 3 章で導いたブラッグ反射や全反射を利用した基本的な光学系を見ていく. 特にブラッグ反射は X 線の光学素子として色々な使われ方をする.

4.2.1 分光器

格子面を選んで適当な角度で反射させるとブラッグ条件から X 線の波長が決まる. この性質はバンド幅の広い X 線から任意の波長（光子エネルギー）を選んで単色化する分光器（モノクロメータ, monochromator）[5] に利用できる. ここで分光器の重要なパラメータである分解能を考える. ブラッグの式 (3.42) より角度による波長の変化は,

$$\frac{\Delta\lambda}{\lambda} = \frac{\Delta\theta}{\tan\theta_{\mathrm{B}}} \tag{4.3}$$

となる. 分解能 $\Delta\lambda/\lambda$ は角度幅 $\Delta\theta$ に関係している. 一方でブラッグ反射には式 (3.66) のダーウィン幅がある. これがブラッグ反射に固有の分解能を与える. $\Delta\theta$ を w_{D} で置き換えれば,

---

[5] モノクロメータは「単色器」と訳すべきだが,「分光器」と呼ぶ方が一般的である.

$$\frac{\Delta\lambda}{\lambda} = \frac{w_\mathrm{D}}{\tan\theta_\mathrm{B}} = \frac{4d^2 r_\mathrm{e}|C|\sqrt{F_H F_{\bar{H}}}}{\pi v_\mathrm{c}} \tag{4.4}$$

となる．σ 偏光 ($C=1$) では分解能は反射面で決まりブラッグ角に依存しない．なお上式は導出に使った近似にもかかわらず背面反射 ($\theta_\mathrm{B}=90°$) でも成り立つ．

例えばシリコンの 111 反射を σ 偏光で使うと $\Delta\lambda/\lambda = 1.32\times 10^{-4}$ が得られる．波長の分解能は光子エネルギー分解能と同じで $\Delta\lambda/\lambda = \Delta\mathcal{E}/\mathcal{E}$ となる．$\Delta\mathcal{E}$ の小さい単色 X 線を得るにはより低い $\mathcal{E}$ で使う方がよい．さらに次数の高い格子面を使うと F が小さくなり分解能が向上する．以上は理想的な場合の議論で，例えば入射光に角度発散があれば分解能は悪くなる．

分光器の場合は 1 回の反射だとブラッグ角によって出射方向が変化して使いづらい．そこで普通は同じ格子面で反対向きに反射させて入射光と平行になるようにする．このような装置を 2 結晶分光器 (DCM, double-crystal monochromator) と呼ぶ[6]．

4.2.2 デュモンド図

ブラッグ反射では角度と波長が結合するのでバンド幅や分解能の議論がわかりにくい．そこで 2 つの関係を視覚化したデュモンド図 (DuMond diagram) が使われる．図 4.5(a) に 1 回のブラッグ反射の場合を示す．角度発散がある場合には反射できるバンド幅が平面波に比べて広がることがわかる．この影響は曲線の傾きが小さくなる高角側で小さくなる．高角側では理想値に近い分解能が出しやすい．

前節で見たようにアンジュレータは準単色の X 線を発生する．このバンド幅は蓄積リングでは 100 eV 程度，X 線自由電子レーザーでも数 10 eV 程度と広い．多くの実験では 2 結晶分光器で単色化する必要がある．また図 4.2(a) のようにアンジュレータからは基本波の整数倍の光子エネルギーをもつ高調波が発生する．高次高調波は X 線の非線形光学を含む多くの実験で問題になる．そこで単色の X 線を取り出す光学系について図 4.5(b) を使って説明する．

まず分光器の働きを見てみる．例として分光器で一般的なシリコンの 111 反射で考える．目的の波長 λ でブラッグ条件 $2d_{111}\sin\theta_\mathrm{B} = \lambda$ が満たされているとする．このとき (111) 面と平行な (333) 面でも反射が起こってしまう．式 (3.40) より (333) 面の格子間隔は $d_{333} = d_{111}/3$ なので，3 次高調波に対して

---

[6] 2 結晶分光器では出射方向だけでなく，位置もずれないように工夫されている．

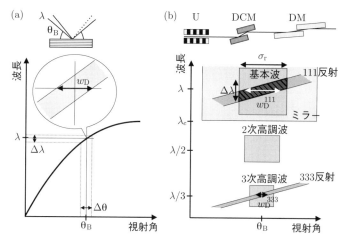

図 4.5 デュモンド図．(a)1 回のブラッグ反射の場合．視射角と波長の関係を表す．(b) アンジュレータ (U)-分光器 (DCM)-ミラー (DM) の場合．分光器は同じ反射面を使った 2 つの平行な結晶で構成される．2 枚のミラーも平行に配置されている．σ_r は光源の角度発散．最終的に斜線の領域が切り出される．

$2d_{333} \sin \theta_B = \lambda/3$ を 111 反射と同じブラッグ角で満たすためである．222 反射は禁制のため 2 次高調波は反射しない．

　分光器だけでは 3 次高調波を取り除けないのでミラーを組み合わせる．図 3.10(b) からわかるようにミラーへの視射角を調整すれば基本波のみを全反射させられる．図 4.5(b) のようにミラーで 2 回反射させれば 3 次高調波は 4〜6 桁弱くできる．こうして実効的には図中の斜線の領域だけが分光器とミラーを通過してくる．それでも X 線非線形光学の実験で微弱な信号を測定するときは高調波の影響をよく検討する必要がある．

4.2.3　KB ミラーによる集光

　X 線用のミラーは今世紀に入って最も進化した光学素子と言える．開発には SPring-8 の BL29XUL [15] が活用された．このビームラインは 1,000 m の長さがあり波面のそろった X 線が使えるためである．

　X 線ミラーの視射角は小さいので，1 枚でビームを 1 点に集光するのは難しい．そこで KB（Kirkpatrick-Baez，カークパトリック・ベーズ）ミラーと呼ばれる方式が使われる [17]．これは図 4.6(a) のように水平方向と垂直方向を，そ

れぞれ別のミラーで集光するものである．ミラーの表面形状は数 10 m 離れた光源と試料位置を焦点にもつ楕円の一部になっている．高精度に成形されたミラーでは開口が決める回折限界まで集光できる．図 4.6(b) の例では集光サイズは 50 nm を下回っている [16]．全反射ミラーに比べて入射角が大きくできる多層膜ミラーでは 7 nm の集光に成功している [18]．

集光サイズを小さくしようとすると集光点がミラーに近づいていく．あまり近づくと試料や測定装置を配置できなくなる．そこで SACLA に導入された 50 nm の集光装置では，1 段目の KB ミラーで広げたビームを 2 段目の KB ミラーで集光している [19]．ビーム径を大きくすることで同じ開口数でも試料までの距離を長くできる．

集光サイズと関係する重要な量にレーリー長 (Rayleigh length) がある．ガウス型ビームの半径は集光点 ($z = 0$) 付近で，

$$w(z) = w_0 \sqrt{1 + \left(\frac{z\lambda}{\pi w_0^2}\right)^2} \tag{4.5}$$

の依存性をもつ．$2w_0$ は集光径である．半径が $\sqrt{2}$ 倍になる長さ $\pi w_0^2/\lambda$（断面積を波長でわったもの）をレーリー長と呼ぶ．この 2 倍が集光点の奥行きの目安になる．実験を計画するときにレーリー長と試料の実効的な厚みを比較検討する必要がある．

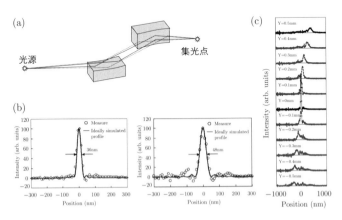

図 4.6 KB ミラー．(a) 概念図．1 次元集光を 2 つ組み合わせる．(b)15 keV の X 線を 36(H)×48(V) nm² まで集光できている [16]．(c) 集光点付近の光軸上の各点でのビーム形状．

4.2.4 分光測定

X線非線形光学の実験では入射したのとは違う光子エネルギーのX線を測る場合が多い．しかも測定したいX線が広い立体角に放射されることが多い．これをブラッグ反射で分光するには工夫がいる．式 (3.66) で議論したようにブラッグ反射で受けられる角度幅は $\sim 10\ \mu\mathrm{rad}$ と非常に狭いためである．

以下に代表的なスペクトロメータ（spectrometer，分光器）について説明する．どの方式にしても，あらかじめ光子エネルギーを較正しておかなければならない．これには弾性散乱や既知の蛍光X線を使う．

(a) 分散型スペクトロメータ

まず図 4.7(a) のように単に平板の結晶で発散ビームを分光する場合を考える．視射角は結晶の場所によって連続的に変化している．ある波長で視射角とブラッグ角が一致すれば反射が起こる．こうしてX線は反射角に応じて波長ごとに分散する．これは簡便な分散型のスペクトロメータとして使える．ただし散乱されたX線もスペクトルに重なるので微弱な信号を測定するには注意が必要である．また反射されたX線が広がるので使いづらい．

平板結晶の欠点を改良したものが図 4.7(b) のフォンハーモス (Von Hamos) 型である．結晶を円筒状に曲げて発光点SからのX線が軸上に集まるようにしている．平板の場合と同じように視射角に応じて軸上で波長が分散する．一方で散乱されたX線は検出面全体に散らばるので平板に比べてS/Nがよい．

分散型スペクトロメータの分解能，明るさ（立体角），測定範囲は分光結晶の大きさや格子面などで決まる．これらの性能は互いに関係していて同時に最大化できない．どの性能を重視するか実験に応じて設計する必要がある．

例えばLCLSで開発されたフォンハーモス型のスペクトロメータは16枚の円筒形結晶を 4×4 のタイル状に並べている [20]．Si440反射を使って6.49 keVで1 eVあたり5.4 msr（全球の0.04%程度）という広い立体角を測定できる．また84.2度という高いブラッグ角を使うことで0.55 eVの分解能を得ている．しかし測定範囲は25 eV程度と狭い．

(b) 走査型スペクトロメータ

分散型スペクトロメータでは結晶や検出器の大きさの制限があるので必要な光子エネルギー範囲をカバーできないことがある．あるいは1波長のみ測定した

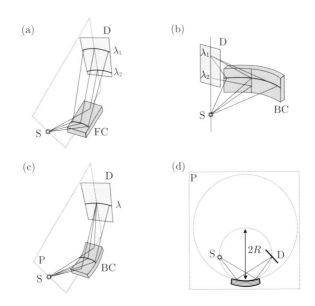

図 4.7 スペクトロメータの概念図．(a) 平板結晶 (FC) による分散型スペクトロメータ．発光点 S から放射された X 線は結晶で反射される．波長に応じて 2 次元検出器 (D) 上に分散する．(b) 湾曲結晶 (BC) を用いたフォンハーモス配置．(c) 湾曲結晶 (BC) を用いた走査型スペクトロメータ．(d) ヨハン型の配置．

いときは分散型は立体角で損する．このようなときは走査型のスペクトロメータが有利である．走査型ではブラッグ角を変えながら 1 波長ずつ測定してスペクトルを得る．

図 4.7(c) のように表面全体でブラッグ角が同じになるように結晶を湾曲させておく．全面が 1 波長を反射するので立体角を大きくできる．一例として図 4.7(d) にヨハン (Johann) 型の湾曲結晶を示す．反射面 (hkl) に平行な表面をもつ薄板結晶を半径 $2R$ で曲げている．こうすると発光点と結晶中心の距離 l が，

$$l = 2R\sin\theta_\mathrm{B} = \frac{R\lambda}{d_{hkl}} \tag{4.6}$$

を満たせば面 P 内の視射角が場所によらず等しくなる．しかも面 P 内で反射された X 線はほぼ 1 点に集光される．スリットや 2 次元検出器で集光された X 線だけを計測すれば散乱 X 線を除去できる．測定波長を変えるときはブラッグ角だけでなく上式に従って結晶や検出器の位置も調整する．

実はヨハン型には収差があって反射されたX線は検出面Dで1点には集まらない．これを改善したのがヨハンソン (Johansson) 型である．ヨハンソン型の結晶は表面を半径$2R$の円筒面に削って，半径Rで曲げたものである．ヨハン型でもヨハンソン型でも面Pから離れるにつれて視射角がずれていく．この影響は湾曲結晶の幅に比べてlが大きければ比較的小さい．それでも高い光子エネルギー分解能が必要な場合には結晶を球面状に湾曲させる．

4.3　検出器

X線の非線形光学実験で使われる検出器について簡単に紹介する[7]．信号が微弱なので光子数を測れる検出器が必要になる．

4.3.1　フォトダイオード

フォトダイオード (photo-diode) は (内部) 光電効果を利用している．図 4.8(a) にシリコンでの光電効果の模式図を示す．X線 (光) があたると電子が価電子帯から伝導帯に励起される．そして伝導帯にはホールが残される．平均して 3.65 eV あたり1対の電子-ホール対が生成される．対の数は光子エネルギーに比例し，10 keV の X 線ならば約 2,700 対になる．X線で生じた電荷を測れば (光子エネルギー)×(光子数) を決められる．光子エネルギーが既知なら光子数が求まる．さらに空乏層の吸収係数などを補正すれば絶対値も見積もれる．組み合わせる読出し回路によって1光子から10^{13}個を超えるようなX線まで計測できる．また検出面積が比較的大きく（100 mm^2 程度）使いやすい．

(a)　アバランシェフォトダイオード

第5章で紹介する実験のようにナノ秒の時間分解能でX線光子を測定したいことがある．このときはアバランシェフォトダイオード (APD, avalanche photo-diode) を使う．その模式的な構造を図 4.8(b) に示す．APD の内部にはアバランシェ層（雪崩層）が作りこまれている．

まず光電効果により空乏層内で電子-ホール対が生成される．APD には数百 V の高電圧がかけられていて電子は10^7 cm/s 程度まで加速される．アバランシェ

---

[7] X線検出器に関しては岸本俊二，田中義人（編），"放射光ユーザーのための検出器ガイド"，講談社 (2011) が詳しい．

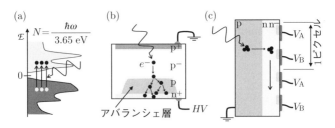

図 **4.8** 光電効果を使った X 線検出器．(a) シリコンの状態密度の模式図．光を吸収すると光電効果により電子とホールが生成される．(b) アバランシェフォトダイオードの模式図．アバランシェ層で信号が増幅される．(c)2 相駆動 CCD カメラの模式図（背面照射型）．光電効果で生じた電荷は電極の電位を制御して転送される．(b,c) では電子の移動のみ示した．

層に達すると他の原子をイオン化して電流は数 10 ～ 100 倍に増幅される．これによって X 線 1 光子でも十分な電荷を取り出すことができる．素子によるが，典型的なバックグランドノイズは 0.1 photons/s 程度である．このため 1 光子から感度良く計数できる．電荷量は光子エネルギーに比例するので $\Delta E/E \simeq 0.5$ 程度の光子エネルギー分解能がある．

APD では空乏層厚を薄く（100 μm 程度）して応答速度を上げている．このため蓄積リングの周回周波数に近い，高い計数率 (> 10 MHz) まで使える．代わりに検出効率（量子効率）は普通のフォトダイオードに比べて低い．例えば空乏層厚が 100 μm なら 10 keV での量子効率 (quantum efficiency) は 50%弱になる．また素子の面積も数 mm^2 と小さい．静電容量が増えて遅くなるのを避けるためである．

(b) X 線 CCD カメラ

CCD（電荷結合素子, charge-coupled device）を利用した 2 次元検出器は幅広く利用されている．X 線でもイメージングなどに活用されている．ここでは少し違った X 線非線形光学での使い方を説明する．

X 線自由電子レーザーの実験が始まってすぐに微弱 X 線の測定が困難なことが判明した．フェムト秒のパルスを使うと試料からの X 線もやはりフェムト秒程度の時間幅で検出器に届く．このときフォトダイオードでは 5 keV の光子 2 個と 10 keV の 1 光子を区別できない．(電荷量)∝(光子エネルギー)×(光子数) を測定するためである．散乱のような線形の相互作用を使う実験なら 1 つの光

子エネルギーだけ考えればよいので問題ない．ところが非線形光学実験では測定したい光子エネルギー ($\hbar\omega_s$) が入射した光子エネルギー ($\hbar\omega_0$) と異なることが多い．しかも測定したい弱い ω_s の X 線が散乱された ω_0 の X 線に埋もれることもある．信号だけを取り出すにはフェムト秒幅で同時に検出した複数の X 線光子のそれぞれについて光子エネルギーを知る必要がある．

CCD カメラの受光部分でも光電効果を使っている．つまりフォトダイオードと同様に X 線が作る電荷量を計測できる[8]．CCD カメラの良いところは数 10 μm サイズの大量（～ 10^6）のピクセルが使える点である．SACLA で開発された MPCCD(multi-port CCD) [21] を使って弱い蛍光 X 線を測定した例を図 4.9 に示す．グラフは各ピクセルの読出し値の度数分布を表している．最初のピークは X 線が当たらなかったピクセル数である．2 つ目のピークから順に 1 光子 2 光子と増えていく．ピークの間隔が光子エネルギーに相当する．ピークの幅は後述するノイズに起因する．検出器に到達する X 線が 1 photons/pixel/frame より十分に小さければ全体として複数の光子を計測してもそれぞれの光子エネルギーを弁別できる．

X 線光子が作った電荷は CCD により転送されて読み出される．電荷の移動は図 4.8(c) のような電極の電圧を制御して行われる．電極の周期がピクセルサイズに相当する．1 光子まで検出するためには素子を冷却して熱的なノイズを低くする必要がある．また光子エネルギー分解能を良くするためには読出しノイズを低くしなければならない．例えばもともと X 線天文学用に開発された pnCCD は 6 keV での光子エネルギー分解能が 150 eV（半値全幅）程度と非常に高い [23]．

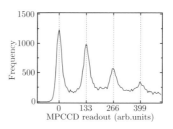

図 **4.9** MPCCD のピクセル値の度数分布 [22]．ピクセルの値が X 線光子数に比例している．SACLA のフェムト秒 X 線で励起したゲルマニウムの Kα 線で測定した．

---

[8] 直接照射型の場合．蛍光体で可視光に変換して CCD カメラで撮影する方式もある．

4.3.2 シンチレーション検出器

シンチレーション検出器は光電子増倍管 (photomultiplier tube) にシンチレータを取り付けたものである．シンチレータは X 線があたると短寿命の可視の蛍光を出す物質である．最も一般的なのは NaI(Tl)，つまりタリウムを添加した NaI 単結晶である．NaI(Tl) シンチレータでは 10 keV の X 線光子で約 380 個の光子 (415 nm) が放出される．これを光電子倍増管で増幅して信号として取り出す．光電子増倍管では，まず光電面（カソード）で光子から光電子に変換する．これを多極のダイノードで増幅し，最後にアノードで集める．

NaI(Tl) シンチレーション検出器の検出効率は 90 % 以上 (10 keV) と高い．また光子エネルギー分解能は $\Delta E/E \simeq 0.4 (10\,\text{keV})$ である．分解能が悪いのは蛍光が光電子増倍管に入る効率が低く，光子数の統計揺らぎが大きいためである．時間分解能は NaI(Tl) シンチレータの蛍光寿命 (0.23 μs) で決まる．蛍光寿命が長いため高い計数率では使えない[9]．シンチレーション検出器は面積が大きく (~1 インチ ϕ) 使いやすい．

4.4　X 線非線形結晶

ブラッグ反射を使った X 線の光学素子にはシリコンの単結晶が広く利用されている．浮遊帯 (FZ, floating zone) 法でほぼ完全な結晶が育成できるからである．しかしシリコン ($Z = 14$) は吸収が強いため X 線の非線形結晶に適さない．代わりにダイヤモンド ($Z = 6$) が有望な材料として挙げられる．近年は高圧高温下でのダイヤモンド合成技術が進歩して，IIa 型と呼ばれる良質の単結晶が得られるようになった [24]．

次の第 5 章で議論するが，非線形過程でも X 線の回折を利用する．このため結晶性の高いダイヤモンドを非線形結晶に選ぶ必要がある．以下では平面波光学系を使った結晶評価について紹介する [25, 26]．普通に格子欠陥を調べるならば手間のかかる平面波は必要はない．しかし平面波を使うと理論曲線と比較できるロッキングカーブを測定できる．ロッキングカーブは X 線光学素子の性能に直結する良い評価基準である．

---

[9] 最近はより短寿命 (25 ns) のシンチレータとして YAP(Ce) も使われる．

4.4.1 平面波光学系

まず平面波を作る光学系について説明する．図 4.10(a) に示すように結晶を並べる．最初の 2 つは 2 結晶分光器の Si111 反射を表している．3 番目には図 3.6(b) で紹介した非対称反射を使う．この結晶で平面波を作るのでコリメータと呼ぶ．非対称反射を特徴づける非対称因子 (asymmetry factor) を，

$$b = -\sin\theta_O / \sin\theta_H \tag{4.7}$$

と定義する [10]．$\theta_{O,H}$ は入射ビームと反射ビームが散乱面内で表面となす角である．非対称反射では入射側と反射側で境界条件が異なる．このため入射側の受入幅は $w_D/\sqrt{|b|}$ になり，反射ビームの発散角は $\sqrt{|b|}\,w_D$ になる．$|b|$ を小さくすれば反射ビームを発散角の小さい平面波にできる．また反射されたビームの

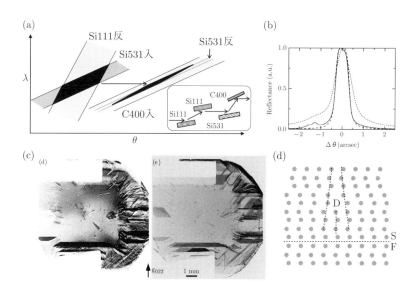

図 4.10 人工ダイヤモンドの結晶評価 [25]．(a) 平面波光学系の模式図とデュモンド図．見やすくするために Si531 反射の反射側からずらしてある．(b) ダイヤモンドの 400 反射のロッキングカーブ．結晶性の良い部分（実線）と表面全体（点線）での測定と理論曲線（破線）の比較．(c)X 線平面波トポグラフ写真．022 反射の透過配置．ロッキングカーブのピーク（左）と低角側の裾（右）で撮影．(d) 転位線 (D) と積層欠陥 (SF) の模式図．それぞれ線と面になって紙面の裏表方向に伸びている．丸は原子を表す．

---
[10] 正確な定義は文献 D2 を参照のこと．

幅は散乱面内で $1/|b|$ 倍に広がる．このため結晶の広範囲を一度に測定できる．
　コリメータの反射波は1つの波長で見ると発散角の小さい平面波である．しかし入射波は単色ではないので，図 4.10(a) のデュモンド図の「Si531 反」で示した傾いた領域が反射される．このようなビームで平面波入射のロッキングカーブを測定するためには，ダイヤモンドとコリメータの反射面の面間隔をそろえる必要がある．面間隔が同じならブラッグの式 (3.42) よりデュモンド図上の傾きも同じになる．この評価実験ではコリメータに Si531 非対称反射を使いダイヤモンドの 400 反射に合わせた．2つの面間隔の差は $\Delta d/d = 2.9\%$ である．非対称因子は 19.75 keV で $b = -1/20.9$ に設計した．ロッキングカーブの測定はデュモンド図で C400 の入射側の帯を水平に移動させることに対応する．Si531 の反射を示す帯と C400 の入射の帯の重なり具合で反射率が決まる．

4.4.2　ダイヤモンド結晶の評価

　SPring-8 の BL29XUL [15] で行った高品質な IIa 型人工ダイヤモンドの評価結果を示す [25]．図 4.10(b) に (a) の平面波光学系で測定したダイヤモンドのブラッグケースの 400 反射のロッキングカーブを示す．この結晶は表面が (100) 面で大きさは $10 \times 10 \times 0.7$ mm^3 である．結晶の質の良い部分のロッキングカーブは理論曲線と良く一致している．しかし表面全体で測ると裾が高い．これは以下で見る格子欠陥のためである．

　同じ結晶の X 線トポグラフ (topograph) を図 4.10(c) に示す．これは図 3.6(b) のラウエケース（透過配置）の反射側のビームイメージである．透過配置なので結晶の内部まで見える．Si331 非対称反射のコリメータ ($b = -1/20.9$) とダイヤモンドの 022 反射の組合せ ($\Delta d/d = 1.2\%$) で 14.55 keV にて測定した．

　図 3.6(d) のような格子欠陥がある場所では回折条件が他と少しだけずれる．それで写真のような濃淡（コントラスト）が現れる．例えば左の写真の中央付近に数本の転位線 (dislocation) が V 字型に見える [11]．右の写真の周辺部分には積層欠陥 (stacking fault) が台形に見える [12]．この結晶は1つ1つの格子欠陥が識別できるほど密度が低い．特に中央部分の結晶性が高く，非線形結晶に適していることがわかる．

---

[11] 転位線は"線"であるが動力学的効果で V 字型になる．
[12] 格子欠陥密度の違いは成長分域 (growth sector) の違いによる．中心部分は (100) 種結晶からの (100) 成長分域で，周辺部分は主に {111} 成長分域である．

第5章 非線形な散乱過程

前章まで X 線の非線形光学に関係する基本的な部分を見てきた．これからの 2 章で X 線の 2 次の非線形光学過程による散乱過程を紹介する．本章ではまず第 2 章で求めた表式から，3 つの電磁波がすべて X 線領域にある場合の 2 次の非線形分極率を計算する．次に第 2 高調波発生を波動方程式を使って調べる．そして X 線に特徴的な逆格子ベクトルを使った位相整合条件を導く．最後に第 2 高調波発生の逆過程であるパラメトリック下方変換を紹介する．

5.1 3つともX線の場合の2次の非線形分極率

3 つの角周波数がすべて X 線領域の 2 次の非線形分極率の計算は 1969 年のフロイント (I. Freund) らの報告が最初である [27]．その後アイゼンバーガー (P. M. Eisenberger) ら [28] は式 (2.95) から古典的に計算した．以下では非線形分極率の式 (2.87) を具体的に計算する．また $\mathfrak{B}$ と $\mathfrak{U}$ の寄与を比較して X 線領域では後者が重要なことを示す．

5.1.1　$\mathfrak{U}$ の計算

紙面が限られているので式 (2.87) の初めの 2 項だけを計算する．まず第 1 項，

$$\mathfrak{U}_1 = -m\hbar \sum_n \frac{\langle g|e^{i(\boldsymbol{K}_2-\boldsymbol{K}_3)\cdot\hat{\boldsymbol{r}}}\boldsymbol{\epsilon}_2|n\rangle\langle n|e^{i\boldsymbol{K}_1\cdot\hat{\boldsymbol{r}}}\boldsymbol{\epsilon}_1\cdot\hat{\boldsymbol{p}}|g\rangle}{\omega_{ng}-\omega_1} \qquad (5.1)$$

を考える．このままでは n に関する和を計算できない．そこで非線形結晶を軽元素に限定して計算を進める．これは計算の都合だけではない．非線形光学過程は効率が低いので X 線の吸収が少ない軽元素からなる物質を使った方がよい．軽元素の共鳴周波数 ω_{ng} は使っている X 線に比べてかなり低光子エネルギー

領域にある.上式の主要な寄与が ω_{ng} 近傍にあると仮定して真空中の連続状態を無視する[1]. $\omega_{ng} \ll \omega_1$ として,

$$\begin{aligned}\mathfrak{U}_1 &\simeq \frac{m\hbar}{\omega_1}\sum_n \langle g|e^{i(\boldsymbol{K}_2-\boldsymbol{K}_3)\cdot\hat{\boldsymbol{r}}}\boldsymbol{\epsilon}_2|n\rangle\langle n|e^{i\boldsymbol{K}_1\cdot\hat{\boldsymbol{r}}}\boldsymbol{\epsilon}_1\cdot\hat{\boldsymbol{p}}|g\rangle \\ &= \frac{m\hbar}{\omega_1}\langle g|e^{-i(\boldsymbol{K}_3-\boldsymbol{K}_1-\boldsymbol{K}_2)\cdot\hat{\boldsymbol{r}}}\boldsymbol{\epsilon}_2(\boldsymbol{\epsilon}_1\cdot\hat{\boldsymbol{p}})|g\rangle \\ &= \frac{m\hbar}{\omega_1}\langle g|e^{-i\boldsymbol{S}\cdot\hat{\boldsymbol{r}}}\boldsymbol{\epsilon}_2(\boldsymbol{\epsilon}_1\cdot\hat{\boldsymbol{p}})|g\rangle \end{aligned} \tag{5.2}$$

と近似できる.途中で完備性 $\sum_n |n\rangle\langle n|=1$ を使った.また,

$$\boldsymbol{S} = \boldsymbol{K}_3 - \boldsymbol{K}_1 - \boldsymbol{K}_2 \tag{5.3}$$

と略した.

式 (2.87) の第 2 項も同様にして,

$$\begin{aligned}\mathfrak{U}_2 &= -m\hbar\sum_n \frac{\langle g|e^{i\boldsymbol{K}_1\cdot\hat{\boldsymbol{r}}}\boldsymbol{\epsilon}_1\cdot\hat{\boldsymbol{p}}|n\rangle\langle n|\boldsymbol{\epsilon}_2 e^{i(\boldsymbol{K}_2-\boldsymbol{K}_3)\cdot\hat{\boldsymbol{r}}}|g\rangle}{\omega_{ng}+\omega_1} \\ &\simeq -\frac{m\hbar}{\omega_1}\langle g|\boldsymbol{\epsilon}_2(\boldsymbol{\epsilon}_1\cdot\hat{\boldsymbol{p}})e^{-i\boldsymbol{S}\cdot\hat{\boldsymbol{r}}}|g\rangle \end{aligned} \tag{5.4}$$

と計算できる.ここで横波の条件 $\boldsymbol{\epsilon}_1\cdot\boldsymbol{K}_1=0$ を使った.

上式と式 (5.2) を合わせると,

$$\mathfrak{U}_1+\mathfrak{U}_2 = \frac{m\hbar}{\omega_1}\boldsymbol{\epsilon}_2\langle g|[e^{-i\boldsymbol{S}\cdot\hat{\boldsymbol{r}}},\boldsymbol{\epsilon}_1\cdot\hat{\boldsymbol{p}}]|g\rangle \tag{5.5}$$

となる.位置基底で $\boldsymbol{p}=-i\hbar\boldsymbol{\nabla}$ と書けるから $[e^{-i\boldsymbol{S}\cdot\boldsymbol{r}},\boldsymbol{p}]=\hbar\boldsymbol{S}e^{-i\boldsymbol{S}\cdot\boldsymbol{r}}$ である.したがって上式は,

$$\mathfrak{U}_1+\mathfrak{U}_2 = \frac{m\hbar^2}{\omega_1}\boldsymbol{\epsilon}_2(\boldsymbol{\epsilon}_1\cdot\boldsymbol{S})\langle g|e^{-i\boldsymbol{S}\cdot\hat{\boldsymbol{r}}}|g\rangle = \frac{m\hbar^2}{\omega_1}\boldsymbol{\epsilon}_2(\boldsymbol{\epsilon}_1\cdot\boldsymbol{S})\tilde{\rho}(\boldsymbol{S}) \tag{5.6}$$

となる.ここで式 (2.58) を使った.

残りの 2 組 4 項も同様に計算できて,

$$\mathfrak{U} = -m\hbar^2\tilde{\rho}(\boldsymbol{S})\left\{\frac{1}{\omega_3}(\boldsymbol{\epsilon}_1\cdot\boldsymbol{\epsilon}_2)\boldsymbol{S} - \frac{1}{\omega_1}\boldsymbol{\epsilon}_2(\boldsymbol{\epsilon}_1\cdot\boldsymbol{S}) - \frac{1}{\omega_2}\boldsymbol{\epsilon}_1(\boldsymbol{\epsilon}_2\cdot\boldsymbol{S})\right\} \tag{5.7}$$

---

[1] この近似は古典的に考えることと同じになる [27]. n が連続状態のときに $\omega_{ng}-\omega=0$ による発散は吸収を取り入れると抑えられる.

を得る．線形の分極率と同様に電子密度分布のフーリエ変換 $\tilde{\rho}(\boldsymbol{S})$ が現れている．つまり $\omega_{1,2,3}$ がすべて X 線領域の 2 次の非線形分極率から得られる物質の情報は線形分極率からと同じである．

ところで上式は波数ベクトルの差 $\boldsymbol{S}$ だけに依存するので式 (2.22) の条件が満たされている．このとき式 (2.23) が成立し，今考えている 2 次の非線形相互作用も局所的に扱える．なお $\mathfrak{U}$ は $\boldsymbol{S} = 0$ のとき非線形分極率に寄与しない．古典的には縦波になるためである（図 2.6）．

5.1.2 $\mathfrak{B}$ の見積り

上の事情で可視光領域の非線形光学では式 (2.88) の $\mathfrak{B}$ だけを考えればよい．逆に X 線領域では $\mathfrak{B}$ は $\mathfrak{U}$ に比べてかなり小さいことが示せる [29]．例として $\mathfrak{B}$ の第 1 項を見積もる．まず式 (2.63) を使って双極子近似すると，

$$\mathfrak{B}_1 = -\sum im^3 \omega_{gn}\omega_{nl}\omega_{lg} \frac{\langle g|\hat{\boldsymbol{r}}|n\rangle\langle n|\boldsymbol{\epsilon}_1\cdot\hat{\boldsymbol{r}}|l\rangle\langle l|\boldsymbol{\epsilon}_2\cdot\hat{\boldsymbol{r}}|g\rangle}{(\omega_{ng}-\omega_3)(\omega_{lg}-\omega_2)} \tag{5.8}$$

$$\sim -\sum im^3 \omega_{gn}\omega_{nl}\omega_{lg} \frac{a_0^3}{\omega_3\omega_2} \tag{5.9}$$

となる．双極子の大きさをボーア半径 a_0 で近似した．

さて主要な共鳴周波数は可視から紫外の領域に集中している．これらをまとめて Ω_{uv} と近似する．X 線の角周波数は ω_{x} で近似する．このとき $\Omega_{\mathrm{uv}}/\omega_{\mathrm{x}} \sim 10^{-4}$ である．以上より $\mathfrak{B}_1$ の大きさは，

$$|\mathfrak{B}_1| \sim \frac{\hbar^6 \Omega_{\mathrm{uv}}^3}{e^6 \omega_{\mathrm{x}}^2} \tag{5.10}$$

と概算できる．

一方で $\mathfrak{U}$ については $|\boldsymbol{S}|$ が X 線の波数程度だから $|\mathfrak{U}| \sim m\hbar^2 \tilde{\rho}/c$ となる．結晶では $\tilde{\rho} \sim 10$ なので，

$$\left|\frac{\mathfrak{B}_1}{\mathfrak{U}}\right| \sim \frac{1}{\alpha^3}\frac{(\hbar\Omega_{\mathrm{uv}})^3}{mc^2(\hbar\omega_{\mathrm{x}})^2}\frac{1}{\tilde{\rho}} \sim 10^{-8} \tag{5.11}$$

となる．$\mathfrak{B}_1$ 以外の項も同じで X 線領域では $\mathfrak{U}$ の寄与が支配的なことがわかる．

5.1.3 反転対称性の影響

式 (5.8) には $\boldsymbol{r}$ が 3 回現れる．このため空間反転 ($\boldsymbol{r} \to -\boldsymbol{r}$) すると $\mathfrak{B}_1$ は符

号を変える．$\mathfrak{B}$ の他の項も同様である．もし非線形結晶が反転対称性をもてば反転操作で物性は変化しない．したがって反転対称性のある結晶では双極子近似の範囲で $\mathfrak{B} = 0$ となる．一方で式 (5.7) からわかるように，このような制限は $\mathfrak{U}$ にはない．後で見るように反転対称性のあるダイヤモンド結晶で 2 次の非線形光学過程が観測されている．

5.1.4 結晶の 2 次の非線形分極率

結晶の非線形分極率も線形の場合と同じように式 (3.18), (3.19) の形で書けて，

$$\boldsymbol{\beta}_x(\boldsymbol{r}, \omega_1, \omega_2) = \int G(\boldsymbol{r}')\boldsymbol{\beta}_{\text{cell}}(\boldsymbol{r} - \boldsymbol{r}', \omega_1, \omega_2) d\boldsymbol{r}' \tag{5.12}$$

$$\tilde{\boldsymbol{\beta}}_x(\boldsymbol{S}, \omega_1, \omega_2) = \tilde{G}(\boldsymbol{S})\tilde{\boldsymbol{\beta}}_{\text{cell}}(\boldsymbol{S}, \omega_1, \omega_2) \tag{5.13}$$

となる．式 (5.7), (2.86) より単位構造の非線形分極率は，

$$\tilde{\boldsymbol{\beta}}_{\text{cell}}(\boldsymbol{S}, \omega_1, \omega_2) : \boldsymbol{\epsilon}_1 \boldsymbol{\epsilon}_2 = -\frac{ie^3}{m^2 c \omega_1 \omega_2 \omega_3} F^0(\boldsymbol{S}) \boldsymbol{\theta}_{312} \tag{5.14}$$

である．$F^0(\boldsymbol{S})$ は式 (3.30) で導入した異常分散項を除いた結晶構造因子，つまり電子密度分布のフーリエ変換である．また偏光因子は，

$$\boldsymbol{\theta}_{312} = \frac{c}{\omega_3}(\boldsymbol{\epsilon}_1 \cdot \boldsymbol{\epsilon}_2)\boldsymbol{S} - \frac{c}{\omega_1}\boldsymbol{\epsilon}_2(\boldsymbol{\epsilon}_1 \cdot \boldsymbol{S}) - \frac{c}{\omega_2}\boldsymbol{\epsilon}_1(\boldsymbol{\epsilon}_2 \cdot \boldsymbol{S}) \tag{5.15}$$

である．

5.1.5 非線形分極率の大きさ

2 次の非線形過程が線形過程と同程度になる電場 E_{cr} を見積もっておく．式 (2.68) より結晶の線形分極率は $\alpha_H = -(e^2/m\omega^2)F_H$ 程度である．$|\alpha| \sim |\beta E_{\text{cr}}|$ だから，

$$E_{\text{cr}} \sim \frac{mc\omega}{e} = \frac{\hbar\omega}{e}\frac{1}{\lambdabar_e} \tag{5.16}$$

となる．ここで式 (5.14) の偏光因子 $\boldsymbol{\theta}$ を 1 で近似した．また $\lambdabar_e = r_e/\alpha = \hbar/mc = 3.86 \times 10^{-11}$ cm は電子のコンプトン波長 (Compton wavelength) である [2]．$\hbar\omega = 10$ keV では $E_{\text{cr}} \sim 10^{14}$ V/cm に達する．

---

[2] コンプトン散乱での波長変化を特徴づける量である．エネルギーと時間の不確定性 $\Delta E(\Delta x/c) > \hbar$ で $\Delta E = mc^2$ とすれば $\Delta x > \lambdabar_e$ となる．これは電子の位置の不確定性と理解できる．なお $\hbar$ と同様に $\lambdabar = \lambda/2\pi$ である．

可視光領域では E_{cr} と原子核が作る電場 $E_{at} = e/a_0^2 = 5.1 \times 10^9$ V/cm が比較される．原子核に束縛された電子の振動の非調和項が非線形性を与えるためである．しかし X 線では自由電子的な性質に由来する $\mathfrak{U}$ が重要なので E_{at} との比較はあまり意味がない．別の特徴的な電場としてシュウィンガー極限 (Schwinger limit),

$$E_{\text{QED}} = \frac{mc^2}{e}\frac{1}{\lambdabar_e} = 1.3 \times 10^{16} \text{ V/cm} \tag{5.17}$$

がある [30]．量子電磁力学 (QED, quantum electrodynamics) によれば E_{QED} を超えると真空からの対生成（電子-陽電子ペア）が起こる．強力な磁場の影響を無視すれば E_{QED} を超える電場をもつ電磁波は存在できない．つまり理論的に許される限界近くまで X 線の強度を上げて初めて $|\alpha| \sim |\beta E|$ となる．

5.2　第 2 高調波発生

式 (1.1) で見たように 2 次の非線形性があると第 2 高調波が発生する[3]．この節では基本波からの第 2 高調波発生 (second-harmonic generation) を波動方程式を使って調べていく．照射する基本波を $\mathcal{E}_1$，第 2 高調波を $\mathcal{E}_2$ と書くことにする．基本波は角周波数 ω_1 の単色の平面波で考える．

5.2.1　電流密度

まず第 2 高調波の電流密度を計算する．式 (5.7) で議論したように第 2 高調波を発生させる非線形相互作用も局所的である．式 (2.17) と式 (2.24) から第 2 高調波に関係する項を抜き出すと，

$$\begin{aligned}\tilde{\boldsymbol{J}}_2(\boldsymbol{r},\omega) &= -i\omega\boldsymbol{\alpha}_{\text{x}}(\boldsymbol{r},\omega)\cdot\tilde{\boldsymbol{E}}_2(\boldsymbol{r},\omega) \\ &\quad - i\pi\omega\boldsymbol{\beta}_{\text{x}}(\boldsymbol{r},\omega_1,\omega_1):\boldsymbol{E}_1(\boldsymbol{r})\boldsymbol{E}_1(\boldsymbol{r})\delta(\omega-2\omega_1)\end{aligned} \tag{5.18}$$

と書ける．1 行目は第 2 高調波と物質の線形な相互作用を表す．2 行目が基本波と物質との非線形な相互作用で第 2 高調波が発生することを表す．デルタ

---

[3] 可視光領域では第 2 高調波発生は波長変換に利用される．しかし X 線光源のアンジュレータは波長可変で，また図 4.2(a) のように高調波が発生するので事情が異なる．

関数により第 2 高調波は角周波数 $2\omega_1$ の単色波になる．つまり $\tilde{J}_2(r,\omega) = J_2(r)2\pi\delta(\omega - 2\omega_1)$ や $\tilde{E}_2(r,\omega) = E_2(r)2\pi\delta(\omega - 2\omega_1)$ と書ける．これより，

$$J_2(r) = -2i\omega_1 \boldsymbol{\alpha}_{\mathrm{x}}(r, 2\omega_1) \cdot E_2(r) - i\omega_1 \boldsymbol{\beta}_{\mathrm{x}}(r, \omega_1, \omega_1) : E_1(r)E_1(r) \quad (5.19)$$

となる．

5.2.2　第 2 高調波の波動方程式

単色 ($2\omega_1$) の第 2 高調波に対して波動方程式 (3.84) を考えると，

$$\nabla^2 E_2(r) + \frac{4\omega_1^2}{c^2}E_2(r) + \frac{8i\pi\omega_1}{c^2}J_2(r) = 0 \quad (5.20)$$

となる．式 (5.19) を代入して，

$$\nabla^2 E_2(r) + K_2^2\left\{1 + 4\pi\boldsymbol{\alpha}_{\mathrm{x}}(r, 2\omega_1)\right\}E_2(r) = -2\pi K_2^2 \boldsymbol{\beta}_{\mathrm{x}}(r, \omega_1, \omega_1) : E_1(r)E_1(r)$$

を得る．ただし $K_2 = 2\omega_1/c$ と書き換えた．基本波を平面波にしたので第 2 高調波も平面波になる．

　もし発生した第 2 高調波がブラッグ条件を満たすと上式は 3.5 節で議論した動力学的な効果で複雑になる．そこで第 2 高調波はブラッグ条件を満たさないと仮定する．これが問題ないことは 5.2.5 項 (b) で調べる．また 3.5.5 項に従って $k_2^2 = K_2^2(1+4\pi\chi_0)$ と結晶中の波数ベクトルを導入する[4]．以上から上式は，

$$\nabla^2 E_2(r) + k_2^2 E_2(r) = -2\pi K_2^2 \boldsymbol{\beta}_{\mathrm{x}}(r, \omega_1, \omega_1) : E_1(r)E_1(r) \quad (5.21)$$

となる．

　上式を解くためにさらに簡略化する．まず基本波もブラッグ条件を満たさないと仮定する．また非線形感受率が非常に小さいので第 2 高調波発生による基本波の減衰を無視する．さらに非線形結晶による基本波と第 2 高調波の吸収も無視する．このとき基本波と第 2 高調波の電場は，

$$E_1(r) = \boldsymbol{\epsilon}_1 E_1 \mathrm{e}^{i\boldsymbol{k}_1 \cdot \boldsymbol{r}} \quad (5.22)$$

$$E_2(r) = \boldsymbol{\epsilon}_2 E_2(r) \mathrm{e}^{i\boldsymbol{k}_2 \cdot \boldsymbol{r}} \quad (5.23)$$

---

[4] χ_0 に関しては結晶が無限に大きいかどうかを区別する必要はない．

と書ける．ここで $\boldsymbol{k}_1$ は結晶中での基本波の波数ベクトルである．第 2 高調波は非線形結晶中を進むにつれて成長するので振幅が場所に依存する．ただし振幅は波長程度の距離では十分に緩やかに変化すると仮定する．これらを式 (5.21) に代入して，両辺に左から $\boldsymbol{\epsilon}_2^*$ をかけると，

$$\nabla^2 E_2(\boldsymbol{r})\mathrm{e}^{i\boldsymbol{k}_2\cdot\boldsymbol{r}} + k_2^2 E_2(\boldsymbol{r})\mathrm{e}^{i\boldsymbol{k}_2\cdot\boldsymbol{r}} = -4\pi K_2^2 \beta_\mathrm{x}(\boldsymbol{r},\omega_1,\omega_1) E_1^2 \mathrm{e}^{2i\boldsymbol{k}_1\cdot\boldsymbol{r}} \tag{5.24}$$

というスカラーの式が得られる．ここで，

$$\beta_\mathrm{x}(\boldsymbol{r},\omega_1,\omega_1) = \frac{1}{2}\boldsymbol{\epsilon}_2^* \cdot \boldsymbol{\beta}_\mathrm{x}(\boldsymbol{r},\omega_1,\omega_1) : \boldsymbol{\epsilon}_1\boldsymbol{\epsilon}_1 \tag{5.25}$$

と略した．

式 (5.24) の左辺第 1 項は，

$$\nabla^2 E_2(\boldsymbol{r})\mathrm{e}^{i\boldsymbol{k}_2\cdot\boldsymbol{r}} = \left\{\nabla^2 E_2(\boldsymbol{r})\right\}\mathrm{e}^{i\boldsymbol{k}_2\cdot\boldsymbol{r}} + \left\{2i\boldsymbol{k}_2\cdot\boldsymbol{\nabla}E_2(\boldsymbol{r})\right\}\mathrm{e}^{i\boldsymbol{k}_2\cdot\boldsymbol{r}} - k_2^2 E_2(\boldsymbol{r})\mathrm{e}^{i\boldsymbol{k}_2\cdot\boldsymbol{r}}$$
$$\simeq \left\{2i\boldsymbol{k}_2\cdot\boldsymbol{\nabla}E_2(\boldsymbol{r})\right\}\mathrm{e}^{i\boldsymbol{k}_2\cdot\boldsymbol{r}} - k_2^2 E_2(\boldsymbol{r})\mathrm{e}^{i\boldsymbol{k}_2\cdot\boldsymbol{r}} \tag{5.26}$$

と近似できる．振幅の変化が緩やかだから $|\nabla^2 E_2| \ll |\boldsymbol{k}_2\cdot\boldsymbol{\nabla}E_2|$ である．そこで 1 行目の第 1 項は無視した．以上より式 (5.24) の第 2 高調波の波動方程式は，

$$\boldsymbol{v}_2 \cdot \boldsymbol{\nabla} E_2(\boldsymbol{r}) = \frac{2\pi i K_2^2 E_1^2}{k_2}\beta_\mathrm{x}(\boldsymbol{r},\omega_1,\omega_1)\mathrm{e}^{-i(\boldsymbol{k}_2-2\boldsymbol{k}_1)\cdot\boldsymbol{r}} \tag{5.27}$$

と簡単な形に書き直せる．$\boldsymbol{v}_2$ は $\boldsymbol{k}_2$ に平行な単位ベクトルである．

5.2.3 運動学的な解

上の波動方程式は非線形結晶全体で積分すれば解ける．結晶の体積を V として，

$$\int_V \boldsymbol{v}_2 \cdot \boldsymbol{\nabla} E_2(\boldsymbol{r})d\boldsymbol{r} = \frac{2\pi i K_2^2 E_1^2}{k_2}\int_V \beta_\mathrm{x}(\boldsymbol{r},\omega_1,\omega_1)\mathrm{e}^{-i(\boldsymbol{k}_2-2\boldsymbol{k}_1)\cdot\boldsymbol{r}}d\boldsymbol{r} \tag{5.28}$$

である．β_x は結晶外でゼロなので右辺の積分範囲は空間全体に広げられる．右辺はフーリエ変換になるので式 (5.13) が使える．$\boldsymbol{v}_2$ 方向に z 軸をとると，

$$\{E_2(l) - E_2(0)\}A = \frac{2\pi i K_2^2 E_1^2}{k_2}\tilde{G}(\boldsymbol{k}_2-2\boldsymbol{k}_1)\tilde{\beta}_\mathrm{cell}(\boldsymbol{k}_2-2\boldsymbol{k}_1,\omega_1,\omega_1)$$

と計算できる．ここで l は z 軸に沿った結晶の長さ，A は幾何学的な因子も含めたビームの断面積である．A は $\boldsymbol{k}_1$ や表面の向きと z 軸との関係に依存する．また $\tilde{\beta}_{\mathrm{cell}}$ は式 (5.25) と同様の省略形である．境界条件 $E_2(0) = 0$ より，

$$E_2(l) = \frac{2\pi i K_2^2 E_1^2}{k_2} \frac{\tilde{G}(\boldsymbol{k}_2 - 2\boldsymbol{k}_1)}{N_{\mathrm{c}}} \frac{\tilde{\beta}_{\mathrm{cell}}(\boldsymbol{k}_2 - 2\boldsymbol{k}_1)}{v_{\mathrm{c}}} l \tag{5.29}$$

を得る．ただし単位格子の総数を $N_{\mathrm{c}} = V/v_{\mathrm{c}} = Al/v_{\mathrm{c}}$ とした．

5.2.4 近似的な解

上の解き方は $\tilde{G}(\boldsymbol{S})$ という扱いづらい関数が現れて不便である．そこでラウエ流の動力学的回折理論をまねて無限に大きい結晶で考える．こう仮定しておいて最後に境界条件を入れる．また 3.5.4 項の議論と同じ理由により局所場の問題は無視できる．そこで非線形分極率と非線形感受率は同じと見なす．結晶が無限に大きいと仮定すると，式 (3.95) のように非線形感受率も逆格子ベクトルで展開できて，

$$\chi^{(2)}(\boldsymbol{r}) = \sum_{\boldsymbol{H}} \chi_{\boldsymbol{H}}^{(2)} e^{i\boldsymbol{H} \cdot \boldsymbol{r}} \tag{5.30}$$

$$\chi_{\boldsymbol{H}}^{(2)} = \frac{1}{2v_{\mathrm{c}}} \boldsymbol{\epsilon}_2^* \cdot \tilde{\boldsymbol{\beta}}_{\mathrm{cell}}(\boldsymbol{H}, \omega_1, \omega_1) : \boldsymbol{\epsilon}_1 \boldsymbol{\epsilon}_1 \tag{5.31}$$

$$= -\frac{ie^3}{8m^2 \omega_1^4} \frac{F^0(\boldsymbol{H})}{v_{\mathrm{c}}} \{\boldsymbol{\epsilon}_2^* \cdot \boldsymbol{H} - 4(\boldsymbol{\epsilon}_2^* \cdot \boldsymbol{\epsilon}_1)(\boldsymbol{\epsilon}_1 \cdot \boldsymbol{H})\} \tag{5.32}$$

と書ける．ここで式 (5.14) を使った．また $\chi^{(2)}(\boldsymbol{r})$ は 1/2 の因子や偏光因子を含んだ実効的な非線形感受率とした．式 (5.27) は $\beta_{\mathrm{x}}(\boldsymbol{r})$ を $\chi^{(2)}(\boldsymbol{r})$ で置き換えて，

$$\boldsymbol{v}_2 \cdot \boldsymbol{\nabla} E_2(\boldsymbol{r}) = \frac{2\pi i K_2^2 E_1^2}{k_2} \sum_{\boldsymbol{H}} \chi_{\boldsymbol{H}}^{(2)} e^{i\Delta \boldsymbol{k}_H \cdot \boldsymbol{r}} \tag{5.33}$$

と書き直せる．ただし，

$$\Delta \boldsymbol{k}_H = 2\boldsymbol{k}_1 - \boldsymbol{k}_2 + \boldsymbol{H} \tag{5.34}$$

とおいた．前項と同様に式 (5.33) の空間積分を考える．右辺の積分は $\Delta \boldsymbol{k}_H$ が $\boldsymbol{v}_2$ に垂直な成分をもつとゼロになる．そこで $\Delta \boldsymbol{k}_H \parallel \boldsymbol{v}_2$ と仮定しておく．式 (5.33) は $\boldsymbol{v}_2$ 方向に z 軸をとると，

と書ける．これを結晶の長さ l にわたって積分すると第 2 高調波の電場は，

$$\frac{\partial E_2(z)}{\partial z} = \frac{2\pi i K_2^2 E_1^2}{k_2} \sum_{\boldsymbol{H}} \chi_{\boldsymbol{H}}^{(2)} \mathrm{e}^{i\Delta k_{\boldsymbol{H}} z} \tag{5.35}$$

$$E_2(l) = \frac{2\pi i K_2^2 E_1^2}{k_2} \sum_{\boldsymbol{H}} \chi_{\boldsymbol{H}}^{(2)} \frac{1 - \mathrm{e}^{i\Delta k_{\boldsymbol{H}} l}}{i\Delta k_{\boldsymbol{H}}} \tag{5.36}$$

となる．ここで前項と同様に $E_2(0) = 0$ とした．上式より効率的に第 2 高調波を発生するには $\Delta k_{\boldsymbol{H}} \simeq 0$ となる $\boldsymbol{H}$ が必要なことがわかる．一般にそのような逆格子ベクトルが複数あることは稀なので 1 つの $\boldsymbol{H}$ だけが条件を満たすとする．このとき第 2 高調波の強度は，

$$I_2(l) = \frac{c}{8\pi} |E_2(l)|^2 = \frac{32\pi^3}{c} K_2^2 l^2 |\chi_{\boldsymbol{H}}^{(2)}|^2 I_1^2 \mathrm{sinc}^2 \left(\frac{\Delta k_{\boldsymbol{H}} l}{2}\right) \tag{5.37}$$

と書ける [5]．ただし $k_2 = K_2$ と近似した．$I_1 = c|E_1|^2/8\pi$ は基本波の強度である．

第 2 高調波の発生効率は $\Delta k_{\boldsymbol{H}} = 0$ で最大になる．このピークの幅は $2\pi/l$ 程度である．第 2 高調波の強さは結晶の長さ l，基本波の強度 I_1，非線形感受率 $|\chi_{\boldsymbol{H}}^{(2)}|$，それぞれの 2 乗に比例する．これは $\tilde{G}(\boldsymbol{S})$ の表式 (3.36) と式 (5.29) から導かれる結論と同じである．2 つの違いは波数依存性のピークの裾の細かい構造である．結晶が十分に大きい場合は本項の近似的な方法が便利である．

5.2.5 位相整合と非線形回折

波動方程式を用いた解析から効率的に第 2 高調波を発生させるには $\Delta k_{\boldsymbol{H}} = 0$ を満たす必要があることがわかった．これを位相整合条件 (phase-matching condition) と呼ぶ．以下では位相整合条件を満たす具体的な配置を考える．ここで X 線の非線形光学の特徴の 1 つが現れる．

(a) 正常分散と位相整合

まず $\boldsymbol{H} = 0$ のときに位相整合条件を満たせるのか検討する [6]．位相整合条件より $2\boldsymbol{k}_1 = \boldsymbol{k}_2$ だから，

---

[5] シンク関数は $\mathrm{sinc}\, x = \sin x / x$ である．
[6] この条件は $\mathfrak{U} = 0$ で 5.1.2 項の微弱な $\mathfrak{B}$ だけになり実用的ではない．

が成り立たないといけない．つまり屈折率は，

$$2n(\omega_1)\frac{\omega_1}{c} = n(2\omega_1)\frac{2\omega_1}{c} \tag{5.38}$$

$$n(\omega_1) = n(2\omega_1) \tag{5.39}$$

を満たさなければならない．

前に述べたように非線形光学過程を効率良く起こさせるためには吸収が小さい物質を使う．つまり ω_1 と $2\omega_1$ で屈折率への異常分散補正は無視できる．このとき屈折率の表式 (3.72) から上式を満たせないことがわかる．$2\omega_1$ での結晶中の波数ベクトルは ω_1 のときの 2 倍より長くなってしまう．

可視光の領域では屈折率を利用した位相整合が実現できる．例えば複屈折のある物質で正常光と異常光の屈折率の違いを利用できる．3.5.8 項で議論したように X 線領域でもブラッグ反射の近傍では小さいながらも複屈折が起こる．しかし複屈折を使った $H = 0$ の位相整合は今のところ実現されていない．

(b) 逆格子ベクトルによる位相整合

次に $H \neq 0$ での位相整合を考える．式 (5.34) で $\Delta k_H = 0$ とすると，

$$k_2 = 2k_1 + H \tag{5.40}$$

となる．これはブラッグ条件の式 (3.38) の $K' = K + H$ と同じ形をしている．2 つの配置を図 5.1 に示す．ブラッグ条件の K の部分が第 2 高調波発生では k_1 の 2 つ分になっている．ただし $k_2 \neq 2k_1$ だから入射ベクトルがブラッグ条件から $\Delta\theta_0$ だけ傾く．

この傾き角とブラッグ反射の幅を比較しておく．$\Delta\theta_0$ は図 5.1 より，

$$\Delta\theta_0 = \frac{k_2 - 2k_1}{k_2 \sin 2\theta_\mathrm{B}} = \frac{(1-\delta_2')K_2 - 2(1-\delta_1')K_1}{(1-\delta_2')K_2 \sin 2\theta_\mathrm{B}} \simeq \frac{3\delta_2'}{\sin 2\theta_\mathrm{B}} \tag{5.41}$$

と見積もれる．ここで式 (3.72) より $k_{1,2} = (1-\delta_{1,2}')K_{1,2}$ とした．また $\lambda_1 = 2\lambda_2$ より $\delta_1' = 4\delta_2'$ を使った．一方で λ_2 でのダーウィン幅は式 (3.66) より，

$$w_\mathrm{D} = \frac{2r_\mathrm{e}\lambda^2|C|\sqrt{F_H F_{\overline{H}}}}{\pi v_\mathrm{c} \sin 2\theta_\mathrm{B}} < \frac{2r_\mathrm{e}\lambda^2 F_0}{\pi v_\mathrm{c} \sin 2\theta_\mathrm{B}} = \frac{4\delta_2'}{\sin 2\theta_\mathrm{B}} \tag{5.42}$$

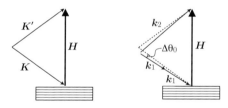

図 5.1 ブラッグ条件のベクトル表示と逆格子ベクトルを用いた位相整合条件．ブラッグ条件から $\Delta\theta_0$ だけずらすと位相整合条件を満たせる．

である．以上より $w_D/2 > \Delta\theta_0$ だから位相整合条件はブラッグ反射の外側にあることがわかる．

逆格子ベクトルを使うので第 2 高調波発生は非線形回折として観測される．第 2 高調波発生に限らず他の非線形光学過程でも逆格子ベクトルで位相整合させられる．逆格子ベクトルは飛びとびなので式 (5.40) の位相整合は使いづらそうに思えるかもしれない．しかし屈折率の周波数依存性を非線形結晶 (H) の向きで簡単に補正できて意外に柔軟である．

5.2.6 動力学的な位相整合の可能性

図 3.11(b) で議論したようにブラッグ条件の近傍では波数ベクトルの長さが変化する．これを利用した位相整合条件の提案がある [31, 32]．動力学的に位相整合させる場合は必然的に多重散乱の効果を取り入れなければならない．しかし今のところ理論的な理解は十分とは言えない．

5.2.7 第 2 高調波発生の実験

X 線の第 2 高調波の発生は，2012 年にシュワルツ (S. Shwartz) らによって SACLA で行われた [33]．Si111 反射の 2 結晶分光器で 1 eV 程度に分光した 7.3 keV の X 線を使っている．ビーム強度を高めるために KB ミラーで 1.5 μm に集光している．そのピーク強度は 10^{16} W/cm^2 と見積もられている．非線形結晶は (111) 面が表面の 0.48 mm 厚の薄板状のダイヤモンドである．これを透過配置（図 3.6）におき，$H = (0, 2, \bar{2})$ で位相整合させている．こうすると基本波に対して $01\bar{1}$ 反射が禁制になるという利点がある．禁制反射なのでノイズとなる基本波の弾性散乱を非常に低く抑えられる（図 3.9）．発生した第 2 高調波は YAP(Ce) シンチレーション検出器で計数している．その光子エネルギー分解能

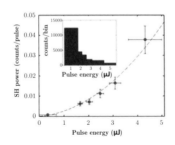

図 5.2　第 2 高調波のポンプ光パルスエネルギー依存性 [33]．インセットはポンプ光のパルスエネルギーの度数分布．黒丸は各パルスエネルギー範囲で観測された第 2 高調波の光子数をインセットの頻度で規格化したもの．破線は 2 次式によるフィッティング．

($\simeq 0.3$) を利用して基本波由来のノイズが切り分けられる．こうして 14.6 keV の第 2 高調波を観測している．図 5.2 は第 2 高調波の光子数の入射パルスエネルギー依存性を示している．式 (5.37) から予想される 2 乗の依存性が確認できる．

5.3　X 線パラメトリック下方変換

パラメトリック下方変換 (parametric down conversion)[7] は 2 次の非線形光学過程の 1 つである．この過程では入射光子が物質と非線形な相互作用をして自発的に 2 つの光子に分裂する．入射光子をポンプ (pump)，生成される 2 つの光子をシグナル (signal) とアイドラー (idler) と呼ぶ．パラメトリック下方変換は第 2 高調波発生を含む和周波発生の逆過程と見なせる．

5.3.1　X 線パラメトリック下方変換の位相整合条件

パラメトリック下方変換でも図 5.1 と同様の位相整合条件を使える．しかし図 5.3(a) のようにシグナルとアイドラーが平行にならない位相整合条件が利用される．2 つが同軸に放射されると弾性散乱（ブラッグ反射の裾）との区別が困難になるためである．また空間的に分離させることで 2 つの光子を別々に測定できる．逆格子ベクトルを使った位相整合の利点を活かした配置である．

---

[7] 非線形媒質の始状態と終状態が同一のときパラメトリックという．これに対して第 7 章で扱う 2 光子吸収は非パラメトリック過程になる．

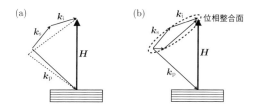

図 5.3 X 線パラメトリック下方変換の位相整合条件. (a) シグナルとアイドラーが同じ光子エネルギーの場合. (b) 1 つの位相整合条件で無数のシグナルとアイドラーの組合せが許される. パラメトリック下方変換が可能な点の集まりは位相整合面を作る.

なおこの配置では図 5.3(b) のように位相整合条件を満たすシグナルとアイドラーの組合せが無数にあるので注意がいる. 屈折率の ω 依存性を無視するならば位相整合を満たす点の集合（位相整合面）は回転楕円面を形作る. この回転楕円面の焦点は k_p の始点と H の終点になる. 位相整合条件がブラッグ条件に近い場合には, 焦点付近でシグナル（アイドラー）が可視や紫外領域になりえる. このとき焦点付近の位相整合面は屈折率の ω 依存性により回転楕円面から歪む.

5.3.2 X 線パラメトリック下方変換の実験例

X 線パラメトリック下方変換はアイゼンバーガーらにより 1970 年頃に実験室の X 線発生装置で観測されている [28]. 面白いことに X 線のパラメトリック下方変換は X 線レーザーなしで観測できる. この理由については第 6 章で詳しく計算していく.

図 5.4(a) はベリリウムで測定されたものである. グラファイトで単色化した Mo Kα 線 (17 keV) がポンプ X 線である. 実はパラメトリック下方変換ではシグナルとアイドラーが同時に発生する. つまり 2 つの光子が同時に観測されればパラメトリック下方変換が起こったことがわかる. この実験ではパルスの立ち上がりが 10 ns の 2 台の NaI シンチレーション検出器を使っている. 2 台で 52 ns 以内に 2 光子が検出されたときに同時計数と見なしている. これによってバックグラウンドとなる偶発的な同時計数 (accidental coincidence) を 3×10^{-4} events/s まで抑えている. ポンプ X 線のフラックスの 2×10^7 photons/s に対して観測されたパラメトリック下方変換は 1 event/hour 程度である.

その後 X 線パラメトリック下方変換の研究は下火になる. 次に登場するの

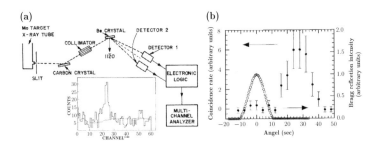

図 5.4 X線のパラメトリック下方変換．(a) ベリリウムを用いた最初の実験 [28]．グラフの横軸は 2 つの検出器の時間差．(b) 放射光とダイヤモンドで行われた高精度な実験 [34]．グラフの横軸はブラッグ角からのずれ．両方とも 2 つの検出器の同時計数でパラメトリック下方変換を判別している．

は 90 年代になってからである．図 5.4(b) は依田 (Y. Yoda) らが 1997 年頃に KEK（高エネルギー加速器研究機構）の第 2 世代蓄積リングである PF(Photon Factory) で測定した結果である [34]．ここでは 0.6 mm 厚のダイヤモンドが使われている．ポンプは 2 結晶分光器で単色化した 19 keV の X 線である．シグナルとアイドラーは共に 9.5 keV である．この測定では蓄積リングのパルス性を利用した高精度の同時計数測定が行われている．時間分解能を上げるために 0.46 ns の立ち上がりをもつアバランシェフォトダイオードが使われている．グラフから偶発的な同時計数が図 5.4(a) に比べて低く抑えられていることがわかる．また高い時間分解能を利用してシグナルとアイドラーが測定系の分解能 (1.5 ns) 以内で同時に生じることも確認されている．この実験では 6 events/hour のパラメトリック下方変換が観測されている．

2000 年代になってからもアダムス (B. Adams) ら [35] やシュワルツら [36] による研究が続けられている．

5.3.3 X線パラメトリック下方変換の展開

X 線のパラメトリック下方変換ではシグナルとアイドラーの光子エネルギーを大きく変えることができる．このような非縮退の場合については次章で詳しく見ていく．以下ではアイドラーとシグナルが縮退した場合に可能な応用研究について簡単に紹介する．

可視光領域ではパラメトリック下方変換は量子光学で活用されている．シグナル光子とアイドラー光子の間に量子力学的な強い相関があるためである．い

わゆるもつれた状態 (entangled state),

$$|\Psi\rangle = \frac{1}{\sqrt{2}} \left(|\pi\rangle_s |\sigma\rangle_i - |\sigma\rangle_s |\pi\rangle_i \right) \tag{5.43}$$

である．このように2光子は重ね合わせ状態で記述される．σ, π は偏光方向，添字の s, i はシグナルとアイドラーを示す．X線でももつれた光子対を使った量子光学実験が可能である．X線領域の利点の1つは量子効率がほぼ 100%の検出器が使えることである [35]．他にももつれた光子対を使った2光子吸収 [37] がX線領域でも提案されている．しかしもつれたX線光子対を利用する光学系は難しく，実験の報告は未だない．

単に2つのX線光子が同時に生成されるという性質も有効に利用できる．例えばシグナルを試料を透過させて測り，アイドラーはそのまま測るとする．このとき2つの比から透過率が決定できる．この方法では光子数揺らぎの問題がないので低い線量でも正確な透過率を測定できる．つまり N 個の光子対で $1/N$ の精度で透過率を決められる．一方で古典的な N 個のX線を使うと S/N は $1/\sqrt{N}$ より悪くなる．ポアソン (Poisson) 分布による統計誤差（ショットノイズ，shot noise）のためである．古典的なX線で同じ精度を出そうとすると N^2 個の光子が必要になる．光子対を利用する測定法はX線によって容易に損傷を受ける生物系の試料に適していると言われている．

第6章 長波長領域へのX線パラメトリック下方変換

前章で3つともX線の2次の非線形過程では電子密度分布が非線形分極率を決定することがわかった．これは線形のX線散乱と同じであり，物質に関して新しい情報を与えない．しかし片方（アイドラー）を長波長領域にすると2次の非線形分極率はアイドラーの光学応答を反映するようになる．本章では長波長領域へのX線パラメトリック下方変換の原理から顕微法への応用まで紹介する．

本章の議論は一直線だが長いので先に結論の概略を示す．次に非線形分極率を計算し，波動方程式の解を求める．その後で実験的に非線形感受率を決定する方法を述べていく．

6.1　回折限界

顕微鏡は1590年頃にヤンセン (Z. Janssen) によって発明された．それ以来，より細かいものを見るために不断の努力がなされたと推察される．しかし1878年にアッベ (E. Abbe) が回折限界を指摘する．これにより空間分解能は波長の約半分より細かくできないことが判明する．X線や電子線が原子分解能の像を得られるのは波長が短いからである．この節では回折限界と，それを打破する方法について簡単に説明する．

6.1.1　波長と回折限界

ある波長の光でどれだけ細かく見られるかは，光をどこまで集められるかと等価である．例として平面波をレンズで集光する場合を考えてみる．図6.1のようにレンズで光を曲げると集光点を含む面（像面）上に様々な周期の波が生

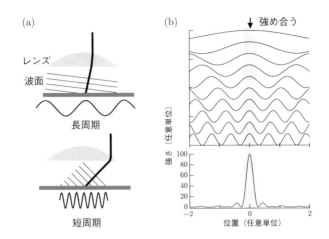

図 6.1 波長と空間分解能の関係．(a) レンズを使うと様々な空間周波数の波が生じる．レンズの縁で曲げられた光が最も短い周期をもつ．最短の周期は波長で決まる．(b) 様々な周期の波を重ね合わせると "点" を作れる．"点" の大きさよりも小さい構造は分解できない．その大きさは重ね合わせる波の最短周期，つまり波長で決まる．

じる．より大きく曲げればより短周期の波が作られる．焦点距離が非常に短いレンズを使えば波の周期を波長近くまで短くできる．

　レンズによって作られた様々な周期をもつ波は像面上で重ね合わされる．理想的なレンズではどの波も焦点の位置に山がくる．このとき波の干渉により焦点でだけ強め合って，それ以外では打ち消し合う．こうして焦点に集光される．どんなに大きなレンズを使っても波長より短い周期は作れない．つまり最小分解能は波長の制限を受ける．

6.1.2　回折限界が与える制限

　第 3 章で議論したように X 線を使えば原子分解能の微細構造を見られる．このため回折限界に不便がないと考えるかもしれない．あるいは回折限界を越えようとする超分解能 (super resolution) も不要に思うかもしれない．これに対しては 2 つの反論を挙げておく．まず X 線や電子線のような被曝の問題がない可視光でナノスケールの構造が見られれば便利な点．もう 1 つは本章のテーマなので以下で少し説明する．

　例として赤い物質を調べたいとする．原子分解能の X 線を使えば，この物質

の結晶構造，つまり原子の配置まで明らかにできる．しかし「赤い」という性質に興味があるときX線を使うことに問題が生じる．X線は赤くないからである．「赤い」という性質は真空中で波長 $0.6\ \mu m$ の光に固有のものである．このため波長 $1\ Å$ のX線では「赤さ」を議論することはできない．逆に赤い光を使うと回折限界のため大体 $0.3\ \mu m$ より細かい情報は得られない．例えば分子構造のどこが赤さの原因か直接議論するのは困難である．

6.1.3 回折限界を超える方法

波数ベクトルの1成分に純虚数を許せば他の成分はいくらでも大きくできる．このような光（近接場光）を使えば空間分解能は波長の制限を超えられる．しかし虚部のため長距離を伝わらないので光を取り出す工夫がいる．近年この方向からの研究が可視光とその周辺領域で精力的に行われている [38]．

本章ではX線非線形光学現象を利用したまったく異なる方法を考える．その戦略はX線パラメトリック下方変換を使って「物質を調べる波長」と「空間分解能を決める波長」を分離しようというものである．単純にX線と光の2つを照射しても独立に物質と相互作用するだけで有用な情報は得られない．そこでX線パラメトリック下方変換を使ってX線と光を結びつける．つまりアイドラー光と物質の相互作用をポンプX線の原子分解能で解析するわけである．これは厳密には回折限界を超えているとは言えない．しかし本章の最後に示すように非常に高い空間分解能が達成できる．

6.2　アイドラーが長波長領域の場合の2次の非線形分極率

前章で見てきたX線パラメトリック下方変換では生成される2光子は共にX線であった．しかし片方（例えばアイドラー光）をX線より長波長領域に選ぶこともできる．このとき長波長領域へのX線パラメトリック下方変換に関わる2次の非線形感受率は，X線領域への変換とは異なる物理的性質を反映するようになる．これは1970年にフロイントら [39] とアイゼンバーガーら [40] により独立に計算された．そして最近になって筆者のグループ [41] とグローバー (T. E. Glover) ら [42] によって再解釈された．

6.2.1 $\mathfrak{U}$ の計算

以下ではアイドラーが長波長領域にある場合の 2 次の非線形感受率を計算する．つまり式 (2.87) で $\omega_1 \ll \omega_{2,3}$ と仮定する．共鳴エネルギーも $\omega_{ng} \ll \omega_{2,3}$ を満たすとする．これは軽元素に対しては正しい．このとき式 (2.87) の 6 項の中で最初の 2 項，

$$\mathfrak{U} = -m\hbar \sum_n \left\{ \frac{\langle g|\boldsymbol{\epsilon}_2 e^{i(\boldsymbol{K}_2-\boldsymbol{K}_3)\cdot\hat{\boldsymbol{r}}}|n\rangle\langle n|e^{i\boldsymbol{K}_1\cdot\hat{\boldsymbol{r}}}\boldsymbol{\epsilon}_1\cdot\hat{\boldsymbol{p}}|g\rangle}{\omega_{ng}-\omega_1} \right.$$

$$\left. + \frac{\langle g|e^{i\boldsymbol{K}_1\cdot\hat{\boldsymbol{r}}}\boldsymbol{\epsilon}_1\cdot\hat{\boldsymbol{p}}|n\rangle\langle n|\boldsymbol{\epsilon}_2 e^{i(\boldsymbol{K}_2-\boldsymbol{K}_3)\cdot\hat{\boldsymbol{r}}}|g\rangle}{\omega_{ng}+\omega_1} \right\} \tag{6.1}$$

が重要になる．軽元素でなくても 3 つの光子エネルギーが共鳴から十分に離れていれば同様と考えられる．

今 ω_1 は長波長領域にあるので式 (2.63) を使って双極子近似を行う．$\omega_{gn} = -\omega_{ng}$ に注意して，式 (6.1) の和の中身は，

$$\{\cdots\} = im\omega_{ng}\boldsymbol{\epsilon}_2 \left\{ \frac{\langle g|e^{i(\boldsymbol{K}_2-\boldsymbol{K}_3)\cdot\hat{\boldsymbol{r}}}|n\rangle\langle n|\boldsymbol{\epsilon}_1\cdot\hat{\boldsymbol{r}}|g\rangle}{\omega_{ng}-\omega_1} - \frac{\langle g|\boldsymbol{\epsilon}_1\cdot\hat{\boldsymbol{r}}|n\rangle\langle n|e^{i(\boldsymbol{K}_2-\boldsymbol{K}_3)\cdot\hat{\boldsymbol{r}}}|g\rangle}{\omega_{ng}+\omega_1} \right\}$$

$$= im\omega_{ng}\boldsymbol{\epsilon}_2 \int d\boldsymbol{r}' \left\{ \frac{\langle g|e^{i(\boldsymbol{K}_2-\boldsymbol{K}_3)\cdot\hat{\boldsymbol{r}}}|\boldsymbol{r}'\rangle\langle \boldsymbol{r}'|n\rangle\langle n|\boldsymbol{\epsilon}_1\cdot\hat{\boldsymbol{r}}|g\rangle}{\omega_{ng}-\omega_1} - \cdots \right\}$$

$$= im\omega_{ng}\boldsymbol{\epsilon}_2 \int d\boldsymbol{r}' e^{-i\boldsymbol{H}\cdot\boldsymbol{r}'} \left(\frac{\langle g|\boldsymbol{r}'\rangle\langle \boldsymbol{r}'|n\rangle\langle n|\boldsymbol{\epsilon}_1\cdot\hat{\boldsymbol{r}}|g\rangle}{\omega_{ng}-\omega_1} - \frac{\langle g|\boldsymbol{\epsilon}_1\cdot\hat{\boldsymbol{r}}|n\rangle\langle n|\boldsymbol{r}'\rangle\langle \boldsymbol{r}'|g\rangle}{\omega_{ng}+\omega_1} \right) e^{-i\boldsymbol{K}_1\cdot\boldsymbol{r}'}$$

と計算できる．ここで位相整合条件を，

$$\boldsymbol{K}_3 = \boldsymbol{K}_1 + \boldsymbol{K}_2 + \boldsymbol{H} \tag{6.2}$$

とした．以上より式 (6.1) は，

$$\mathfrak{U} = -im^2\hbar\boldsymbol{\epsilon}_2 \int d\boldsymbol{r}' e^{-i\boldsymbol{H}\cdot\boldsymbol{r}'} \sum_n \omega_{ng} \left(\frac{\langle g|\boldsymbol{r}'\rangle\langle \boldsymbol{r}'|n\rangle\langle n|\boldsymbol{\epsilon}_1\cdot\hat{\boldsymbol{r}}|g\rangle}{\omega_{ng}-\omega_1} - \cdots \right) e^{-i\boldsymbol{K}_1\cdot\boldsymbol{r}'} \tag{6.3}$$

と書き直せる．上式の $(\cdots)$ 内には光による摂動を受けた状態ベクトルのような形が現れている．この部分がアイドラー光に対する光学応答を反映することを示して，$\mathfrak{U}$ を物理量で表す．

まず ω_1 の光が照射されたときの電子密度分布の変化 $\delta\rho$ を考える．式 (2.51) を使うと，

$$\delta\rho(\boldsymbol{r},t) = -e\left[\left\{\Psi^{(0)} + \Psi^{(1,p\mathcal{A})}\right\}^* \left\{\Psi^{(0)} + \Psi^{(1,p\mathcal{A})}\right\} - \Psi^{(0)*}\Psi^{(0)}\right]$$
$$\simeq -e\Psi^{(1,p\mathcal{A})*}\Psi^{(0)} - e\Psi^{(0)*}\Psi^{(1,p\mathcal{A})} \tag{6.4}$$

と書ける. $\Psi^{(1,p\mathcal{A})}$ に必要な計算はすでに式 (2.50) で済ませてある. 今はアイドラー光の波長が長いので双極子近似する. 式 (2.63) を使って式 (2.50) を,

$$a_n^{(1,\mathrm{d})}(t) = -\frac{e\omega_{ng}}{2\hbar\omega_1}\left[\frac{\langle n|\boldsymbol{\epsilon}_1\cdot\hat{\boldsymbol{r}}|g\rangle E_1\left\{\mathrm{e}^{i(\omega_{ng}-\omega_1)t}-1\right\}}{\omega_{ng}-\omega_1}\right.$$
$$\left.-\frac{\langle n|\boldsymbol{\epsilon}_1^*\cdot\hat{\boldsymbol{r}}|g\rangle E_1^*\left\{\mathrm{e}^{i(\omega_{ng}+\omega_1)t}-1\right\}}{\omega_{ng}+\omega_1}\right] \tag{6.5}$$

と近似する. 以下では第 2 章と同様に分子の -1 の寄与は無視する. これと式 (2.31), (2.52), (2.53) より,

$$\Psi^{(1,p\mathcal{A})*}\Psi^{(0)} \simeq \left\{\sum_n a_n^{(1,\mathrm{d})*}(t)\langle n|\boldsymbol{r}\rangle \mathrm{e}^{i\omega_n t}\right\}\langle\boldsymbol{r}|g\rangle \mathrm{e}^{-i\omega_g t}$$
$$= -\sum_n \frac{e\omega_{ng}}{2\hbar\omega_1}\left(\frac{\langle g|\boldsymbol{\epsilon}_1^*\cdot\hat{\boldsymbol{r}}|n\rangle E_1^*\mathrm{e}^{i\omega_1 t}}{\omega_{ng}-\omega_1} - \frac{\langle g|\boldsymbol{\epsilon}_1\cdot\hat{\boldsymbol{r}}|n\rangle E_1\mathrm{e}^{-i\omega_1 t}}{\omega_{ng}+\omega_1}\right)\langle n|\boldsymbol{r}\rangle\langle\boldsymbol{r}|g\rangle$$

を得る. 同様に $\Psi^{(0)*}\Psi^{(1,p\mathcal{A})}$ からは上式のエルミート共役が得られる.

以上より電子密度分布の変化は

$$\delta\rho(\boldsymbol{r},t) = \frac{e^2}{\hbar\omega_1}\sum_n \omega_{ng}\left(\frac{\langle g|\boldsymbol{r}\rangle\langle\boldsymbol{r}|n\rangle\langle n|\boldsymbol{\epsilon}_1\cdot\hat{\boldsymbol{r}}|g\rangle}{\omega_{ng}-\omega_1} - \frac{\langle g|\boldsymbol{\epsilon}_1\cdot\hat{\boldsymbol{r}}|n\rangle\langle n|\boldsymbol{r}\rangle\langle\boldsymbol{r}|g\rangle}{\omega_{ng}+\omega_1}\right)\mathrm{e}^{-i\boldsymbol{K}_1\cdot\boldsymbol{r}}$$
$$\times \frac{E_1}{2}\mathrm{e}^{i(\boldsymbol{K}_1\cdot\boldsymbol{r}-\omega_1 t)} + \mathrm{h.c.} \tag{6.6}$$

と表される. 上式の $\sum_n \omega_{ng}(\cdots)$ は式 (6.3) に含まれるものと同じである.

次に電荷分布の変化をアイドラー光に対する分極率に結びつける. 連続の式 $\partial\delta\rho/\partial t = -\boldsymbol{\nabla}\cdot\boldsymbol{\mathcal{J}}$ を時間についてフーリエ変換して, 式 (2.17) を代入すると,

$$\delta\tilde{\rho}(\boldsymbol{r},\omega) = -\boldsymbol{\nabla}\cdot\left\{\boldsymbol{\alpha}(\boldsymbol{r},\omega)\cdot\tilde{\boldsymbol{\mathcal{E}}}(\boldsymbol{r},\omega)\right\} = -\boldsymbol{\nabla}\cdot\left\{\boldsymbol{\alpha}(\boldsymbol{r},\omega)\cdot\boldsymbol{\epsilon}\right\}\frac{\tilde{E}(\boldsymbol{r},\omega)}{2} + \mathrm{c.c.} \tag{6.7}$$

と書ける [1]. 式 (6.6) を時間についてフーリエ変換して, 上式と比べると

---
[1] 今の場合 α には局所場補正が含まれている. 正確には α は線形感受率 χ である.

式 (6.3) は,

$$\mathfrak{U} = \frac{im^2\hbar^2\omega_1}{e^2}\boldsymbol{\epsilon}_2 \int e^{-i\boldsymbol{H}\cdot\boldsymbol{r}}\boldsymbol{\nabla}\cdot\{\boldsymbol{\alpha}(\boldsymbol{r},\omega_1)\cdot\boldsymbol{\epsilon}_1\}d\boldsymbol{r}$$
$$= -\frac{m^2\hbar^2\omega_1}{e^2}\boldsymbol{\epsilon}_2 \int \boldsymbol{H}\cdot\{\boldsymbol{\alpha}(\boldsymbol{r},\omega_1)\cdot\boldsymbol{\epsilon}_1\}e^{-i\boldsymbol{H}\cdot\boldsymbol{r}}d\boldsymbol{r} \quad (6.8)$$

と書き表される.最後の式変形では部分積分を使った.こうして $\mathfrak{U}$ がアイドラー光への光学応答で表現できる.特に物質の応答が等方的と見なせるときは $\boldsymbol{\alpha} = \alpha\boldsymbol{I}$ と書けるから,

$$\mathfrak{U} = -\frac{m^2\hbar^2\omega_1}{e^2}(\boldsymbol{H}\cdot\boldsymbol{\epsilon}_1)\boldsymbol{\epsilon}_2\int\alpha(\boldsymbol{r},\omega_1)e^{-i\boldsymbol{H}\cdot\boldsymbol{r}}d\boldsymbol{r} \quad (6.9)$$

という簡単な形で表される.

6.2.2 非線形分極率と局所光学応答

$\mathfrak{U}$ がわかったので非線形分極率は式 (2.86) を使って,

$$\tilde{\boldsymbol{\beta}}_{\text{cell}}(\boldsymbol{H},\omega_1,\omega_2):\boldsymbol{\epsilon}_1\boldsymbol{\epsilon}_2 = -\frac{ie}{m\omega_2\omega_3}(\boldsymbol{H}\cdot\boldsymbol{\epsilon}_1)\boldsymbol{\epsilon}_2\alpha_{\boldsymbol{H}}^{\text{cell}}(\omega_1) \quad (6.10)$$

と求まる.上式を使えば X 線の非線形分極率からアイドラー光の周波数での線形分極率のフーリエ係数を決定できる.フーリエ合成によりアイドラー光の周波数での線形分極率(感受率)の空間構造 $\alpha_x(\boldsymbol{r},\omega_1)$ が原子分解能で解明できる.アイドラー光の波長による回折限界の制限をはるかに超えて,X 線の原子分解能が達成できることを意味する.このように X 線の 2 次の非線形過程を使うことで長波長領域での物質の局所的な光学応答を調べられる.

上式の関係は古典的には図 6.2 のように理解できる.図のようにパラメトリック下方変換の逆過程の和周波で考えるとわかりやすい.古典的な描像では振動している電子に散乱されることによるドップラー効果になる.

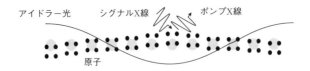

図 **6.2** アイドラーが長波長領域の場合の 2 次の非線形過程の古典描像.パラメトリック下方変換を時間反転させて考えるとわかりやすい.アイドラー光で振動させられた電子がシグナル X 線を散乱する.電子は運動しているので散乱されたポンプ X 線はドップラーシフトする.

6.3　結合波動方程式

　この節では長波長領域への X 線パラメトリック下方変換を波動方程式を使って解析していく．シグナル X 線とアイドラー光の間でのエネルギーのやり取りを扱うので，第 5 章の第 2 高調波発生より複雑になる．またポンプ X 線からシグナル X 線とアイドラー光が生じるときに量子光学的な効果が現れる．

6.3.1　電流密度と波動方程式

　まず角周波数 $\omega_1 = \omega_3 - \omega_2$ のアイドラー光について考える．5.2.1 項と同じようにアイドラー光に関係する電流密度を書き出す．今回は差周波なので式 (2.24) の 2 行目を使う．2 つの異なる電場の相互作用になるので式 (2.18) より 2 倍の因子がかかる．これらより電流密度は式 (5.19) の導出と同じようにして，

$$\bm{J}_1(\bm{r}) = -i\omega_1 \bm{\alpha}_{\mathrm{x}}(\bm{r},\omega_1) \cdot \bm{E}_1(\bm{r}) - i\omega_1 \bm{\beta}_{\mathrm{x}}(\bm{r},\omega_3,-\omega_2) : \bm{E}_3(\bm{r})\bm{E}_2^*(\bm{r}) \quad (6.11)$$

と書ける．$\bm{E}$ や $\bm{J}$ の引数の $\omega_{1,2,3}$ は添字でわかるので省略する．波動方程式 (3.84) に代入して，

$$\nabla^2 \bm{E}_1(\bm{r}) + k_1^2 \bm{E}_1(\bm{r}) = -4\pi K_1^2 \bm{\beta}_{\mathrm{x}}(\bm{r},\omega_3,-\omega_2) : \bm{E}_3(\bm{r})\bm{E}_2^*(\bm{r}) \quad (6.12)$$

を得る．シグナル X 線とポンプ X 線の波動方程式も同様に計算され，

$$\nabla^2 \bm{E}_2(\bm{r}) + k_2^2 \bm{E}_2(\bm{r}) = -4\pi K_2^2 \bm{\beta}_{\mathrm{x}}(\bm{r},\omega_3,-\omega_1) : \bm{E}_3(\bm{r})\bm{E}_1^*(\bm{r}) \quad (6.13)$$

$$\nabla^2 \bm{E}_3(\bm{r}) + k_3^2 \bm{E}_3(\bm{r}) = -4\pi K_3^2 \bm{\beta}_{\mathrm{x}}(\bm{r},\omega_1,\omega_2) : \bm{E}_1(\bm{r})\bm{E}_2(\bm{r}) \quad (6.14)$$

が得られる．ただし 5.2.1 項と同様にシグナル X 線とポンプ X 線はブラッグ条件を満たさないと仮定した．このため式 (3.97) に従って $k_{2,3}^2 = \{1 + 4\pi\chi_0(\omega_{2,3})\}K_{2,3}^2$ とした．上の 3 つの式は右辺を通じて互いに影響しあって独立ではない．このため結合波動方程式 (coupled wave equations) と呼ばれる．

6.3.2　パラメトリック下方変換の基本方程式

　結合波動方程式を簡単に解くために以下の近似をする．まず変換効率は低いので変換によるポンプ X 線の減衰は無視する．非線形媒質によるポンプ X 線

の吸収も無視する．これらは第 2 高調波発生のときと同じである．一方でアイドラー光とシグナル X 線は非線形媒質中を進むにつれてパラメトリック下方変換によって強くなっていく．以上より 3 つの電場は，

$$\boldsymbol{E}_1(\boldsymbol{r}) = \boldsymbol{\epsilon}_1 E_1(\boldsymbol{r}) \mathrm{e}^{i\boldsymbol{k}_1 \cdot \boldsymbol{r}} \tag{6.15}$$

$$\boldsymbol{E}_2(\boldsymbol{r}) = \boldsymbol{\epsilon}_2 E_2(\boldsymbol{r}) \mathrm{e}^{i\boldsymbol{k}_2 \cdot \boldsymbol{r}} \tag{6.16}$$

$$\boldsymbol{E}_3(\boldsymbol{r}) = \boldsymbol{\epsilon}_3 E_3 \mathrm{e}^{i\boldsymbol{k}_3 \cdot \boldsymbol{r}} \tag{6.17}$$

と書ける．ただし $E_{1,2}(\boldsymbol{r})$ の変化は波長に比べて十分緩やかとする．

式 (6.12) と式 (6.13) の両辺に，それぞれ $\boldsymbol{\epsilon}_1^*$，$\boldsymbol{\epsilon}_2^*$ を左からかけてスカラーの方程式に書き直す．さらに式 (5.24) から式 (5.33) までと同様の計算をして，

$$\boldsymbol{v}_1 \cdot \boldsymbol{\nabla} E_1(\boldsymbol{r}) = \frac{2\pi i K_1^2 E_3}{k_1} E_2^*(\boldsymbol{r}) \sum_{\boldsymbol{H}} \chi_{\boldsymbol{H}}^{(2)} \mathrm{e}^{i(\boldsymbol{k}_3 - \boldsymbol{k}_1 - \boldsymbol{k}_2 + \boldsymbol{H}) \cdot \boldsymbol{r}} \tag{6.18}$$

$$\boldsymbol{v}_2 \cdot \boldsymbol{\nabla} E_2(\boldsymbol{r}) = \frac{2\pi i K_2^2 E_3}{k_2} E_1^*(\boldsymbol{r}) \sum_{\boldsymbol{H}} \chi_{\boldsymbol{H}}^{(2)} \mathrm{e}^{i(\boldsymbol{k}_3 - \boldsymbol{k}_1 - \boldsymbol{k}_2 + \boldsymbol{H}) \cdot \boldsymbol{r}} \tag{6.19}$$

を得る．$\boldsymbol{v}_{1,2}$ は $\boldsymbol{k}_{1,2}$ に平行な単位ベクトルである．ここで，

$$\chi_{\boldsymbol{H}}^{(2)} = \frac{1}{v_\mathrm{c}} \boldsymbol{\epsilon}_1^* \cdot \tilde{\boldsymbol{\beta}}_\mathrm{cell}(\boldsymbol{H}) : \boldsymbol{\epsilon}_2^* \boldsymbol{\epsilon}_3 \tag{6.20}$$

と偏光因子を含む実効的な非線形感受率を導入した[2]．

第 2 高調波発生と同様に逆格子ベクトル $\boldsymbol{H}$ で位相整合させる．位相整合条件からのズレを，

$$\Delta \boldsymbol{k} = \boldsymbol{k}_3 - \boldsymbol{k}_1 - \boldsymbol{k}_2 + \boldsymbol{H} \tag{6.21}$$

とする．ところで長波長領域にあるアイドラー光では吸収を無視できない．そこで吸収係数を μ_1 として取り入れる．

以上より長波長領域への X 線パラメトリック下方変換の基本方程式，

$$\boldsymbol{v}_1 \cdot \boldsymbol{\nabla} E_1(\boldsymbol{r}) = \frac{2\pi i K_1^2 \chi_{\boldsymbol{H}}^{(2)} E_3}{k_1} E_2^*(\boldsymbol{r}) \mathrm{e}^{i\Delta \boldsymbol{k} \cdot \boldsymbol{r}} - \mu_1 E_1(\boldsymbol{r}) \tag{6.22}$$

$$\boldsymbol{v}_2 \cdot \boldsymbol{\nabla} E_2(\boldsymbol{r}) = \frac{2\pi i K_2^2 \chi_{\boldsymbol{H}}^{(2)} E_3}{k_2} E_1^*(\boldsymbol{r}) \mathrm{e}^{i\Delta \boldsymbol{k} \cdot \boldsymbol{r}} \tag{6.23}$$

---

[2] $\omega_1 = \omega_3 - \omega_2$ や $\omega_2 = \omega_3 - \omega_1$ での式 (6.10) に対応する計算も必要だが省略する．

が導き出される.ここで式 (5.36) の議論から特定の $\boldsymbol{H}$ に対して $\Delta k \simeq 0$ を満たすとして他を無視した.

6.3.3 位相整合の取り方

アイドラーの波数ベクトルが短いので図 6.3 のように位相整合させる.半径 k_1 と k_2 の球面が接している.こうすると広い立体角にわたって狭いバンド幅で位相整合条件を満たせる.特に図 6.3(a) の配置は位相整合する範囲が広く,信号を強くできる [43].また位相整合条件がブラッグ条件から最も遠くなって S/N の面でも有利である.本章で紹介する X 線パラメトリック下方変換の実験ではすべて図 6.3(a) の位相整合条件を使った.

図 6.3(a) の位相整合条件ではアイドラー光とシグナル X 線は z 軸に沿って互いに逆向きに進む.このとき基本方程式は,

$$\frac{\partial E_1^*(z)}{\partial z} = \kappa_1^* E_2(z) e^{-i\Delta k z} + \mu_1 E_1^*(z) \tag{6.24}$$

$$\frac{\partial E_2(z)}{\partial z} = \kappa_2 E_1^*(z) e^{i\Delta k z} \tag{6.25}$$

と書き直される.ここで,

$$\kappa_1^* = 2\pi i K_1^2 \chi_{\boldsymbol{H}}^{(2)*} E_3^* / k_1 \tag{6.26}$$

$$\kappa_2 = 2\pi i K_2^2 \chi_{\boldsymbol{H}}^{(2)} E_3 / k_2 \tag{6.27}$$

を導入した.

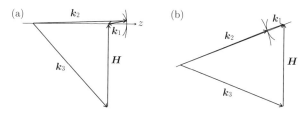

図 6.3 位相整合条件の満たし方.アイドラー光とシグナル X 線が反平行な場合 (a) と平行な場合 (b).

6.3.4 結合波動方程式の解

以下では式 (6.24) と式 (6.25) の解を計算する[3]．まずこの 2 式を，

$$e^{i\Delta kz/2}\left\{\frac{\partial E_1^*(z)}{\partial z}-\mu_1 E_1^*(z)\right\}=\kappa_1^* E_2(z)e^{-i\Delta kz/2}$$

$$e^{-i\Delta kz/2}\frac{\partial E_2(z)}{\partial z}=\kappa_2 E_1^*(z)e^{i\Delta kz/2}$$

と変形する．これらは，

$$\left(\frac{\partial}{\partial z}-\mu_1-i\frac{\Delta k}{2}\right)E_1^*(z)e^{i\Delta kz/2}=\kappa_1^* E_2(z)e^{-i\Delta kz/2} \quad (6.28)$$

$$\left(\frac{\partial}{\partial z}+i\frac{\Delta k}{2}\right)E_2(z)e^{-i\Delta kz/2}=\kappa_2 E_1^*(z)e^{i\Delta kz/2} \quad (6.29)$$

と書き直せる．ここで，

$$F_1^*(z)=E_1^*(z)e^{i\Delta kz/2} \quad (6.30)$$

$$F_2(z)=E_2(z)e^{-i\Delta kz/2} \quad (6.31)$$

と変数変換すれば，

$$\left(\frac{\partial}{\partial z}-\mu_1-i\frac{\Delta k}{2}\right)F_1^*(z)=\kappa_1^* F_2(z)$$

$$\left(\frac{\partial}{\partial z}+i\frac{\Delta k}{2}\right)F_2(z)=\kappa_2 F_1^*(z)$$

と書ける．これらから F_1^* を消去して，

$$\left(\frac{\partial}{\partial z}+i\frac{\Delta k}{2}\right)\left(\frac{\partial}{\partial z}-\mu_1-i\frac{\Delta k}{2}\right)F_2(z)=\kappa^2 F_2(z) \quad (6.32)$$

を得る．ただし，

$$\kappa^2=\kappa_1^*\kappa_2 \quad (6.33)$$

である．式 (6.26)，(6.27) より κ^2 は負の実数である．

最後に，

$$F_2(z)=F_2^0 e^{gz} \quad (6.34)$$

---
[3] 非線形光学のストークス・アンチストークス結合の計算とほぼ同じである．

とおくと式 (6.32) は g の 2 次方程式,

$$\left(g + i\frac{\Delta k}{2}\right)\left(g - \mu_1 - i\frac{\Delta k}{2}\right) = \kappa^2$$

になる．この解は，

$$g = \frac{\mu_1}{2} \pm \frac{1}{2}\sqrt{(\mu_1 + i\Delta k)^2 + 4\kappa^2} \tag{6.35}$$

である．2 次の非線形感受率は非常に小さいので $\mu_1^2 \gg \kappa^2$ となるから，

$$g^+ = \mu_1 + i\frac{\Delta k}{2} + \frac{\kappa^2}{\mu_1 + i\Delta k} \tag{6.36}$$

$$g^- = -i\frac{\Delta k}{2} - \frac{\kappa^2}{\mu_1 + i\Delta k} \tag{6.37}$$

と近似できる．

さて式 (6.31), (6.34) よりシグナル X 線の振幅は,

$$E_2(z) = \left(F_2^{0+}\mathrm{e}^{g^+ z} + F_2^{0-}\mathrm{e}^{g^- z}\right)\mathrm{e}^{i\Delta k z/2} \tag{6.38}$$

であることがわかる．これと式 (6.29) を使ってアイドラー光の振幅も,

$$E_1^*(z) = \left(\frac{g^+ + i\frac{\Delta k}{2}}{\kappa_2}F_2^{0+}\mathrm{e}^{g^+ z} + \frac{g^- + i\frac{\Delta k}{2}}{\kappa_2}F_2^{0-}\mathrm{e}^{g^- z}\right)\mathrm{e}^{-i\Delta k z/2} \tag{6.39}$$

と計算される．これらが基本方程式 (6.24) と式 (6.25) の一般解である．

(a) 境界条件

シグナル X 線とアイドラー光の振幅は非線形結晶の表面と裏面での境界条件,

$$E_1^*(0) = \frac{g^+ + i\frac{\Delta k}{2}}{\kappa_2}F_2^{0+} + \frac{g^- + i\frac{\Delta k}{2}}{\kappa_2}F_2^{0-}$$

$$E_2(-l) = \left(F_2^{0+}\mathrm{e}^{-g^+ l} + F_2^{0-}\mathrm{e}^{-g^- l}\right)\mathrm{e}^{-i\Delta k l/2}$$

で決まる．ただし z 軸方向の非線形結晶の長さを l とした．これらより $F_2^{0\pm}$ は,

$$F_2^{0+} = \frac{\left(g^- + i\frac{\Delta k}{2}\right) e^{i\Delta kl/2} E_2(-l) - \kappa_2 e^{-g^-l} E_1^*(0)}{\left(g^- + i\frac{\Delta k}{2}\right) e^{-g^+l} - \left(g^+ + i\frac{\Delta k}{2}\right) e^{-g^-l}}$$

$$F_2^{0-} = \frac{-\left(g^+ + i\frac{\Delta k}{2}\right) e^{i\Delta kl/2} E_2(-l) + \kappa_2 e^{-g^+l} E_1^*(0)}{\left(g^- + i\frac{\Delta k}{2}\right) e^{-g^+l} - \left(g^+ + i\frac{\Delta k}{2}\right) e^{-g^-l}}$$

と求まる．以上より非線形結晶表面でのシグナル X 線の振幅は，

$$\begin{aligned}E_2(0) &= F_2^{0+} + F_2^{0-} \\ &= \frac{\left(g^- - g^+\right) e^{i\Delta kl/2} E_2(-l) + \kappa_2 \left(e^{-g^+l} - e^{-g^-l}\right) E_1^*(0)}{\left(g^- + i\frac{\Delta k}{2}\right) e^{-g^+l} - \left(g^+ + i\frac{\Delta k}{2}\right) e^{-g^-l}}\end{aligned} \quad (6.40)$$

と求まる．

　上式からシグナル X 線の発生に 2 つの寄与があることがわかる [44]．分子の第 1 項はシグナル X 線が非線形過程により成長することを表している．これはパラメトリック増幅項と呼ばれる．第 2 項はアイドラー光からシグナル X 線に変換されていく寄与を表している．こちらはミキシング項と呼ばれる．

　今パラメトリック下方変換では入射光はポンプ X 線のみである．裏面でのシグナル X 線（第 1 項）と表面でのアイドラー光（第 2 項）は存在しない．それにもかかわらずパラメトリック下方変換は問題なく起こる．これを正しく説明するには電磁場を量子化しなければいけない．量子化すると例え電磁場がないときでもゼロ点振動が残ることがわかる．これがパラメトリック下方変換で "触媒" の役割をしている．

　ゼロ点振動に関する議論は次節に回して，計算を先に進める．まずシグナル X 線とアイドラー光のゼロ点振動には位相の相関はない．このため表面から出て観測されるシグナル X 線は上式の 2 項それぞれの絶対値の 2 乗の和で与えられる．また裏面でのゼロ点振動の分 $|E_2(-l)|^2$ を差し引く必要がある．以上よりシグナル X 線の電場の絶対値の 2 乗は，

$$\begin{aligned}|E_2|^2 &= |E_2(0)|^2 - |E_2(-l)|^2 \\ &\simeq \frac{|\kappa_2|^2}{\mu_1^2 + \Delta k^2} |E_1^*(0)|^2\end{aligned} \quad (6.41)$$

と計算される．$\chi_H^{(2)}$ は小さいので 2 乗の寄与まで残した．

(b) ゼロ点振動の見積り

前式を使ってシグナル X 線の強度を計算するにはアイドラー光の角周波数でのゼロ点振動の強度が必要である．そこで電磁波の波数ベクトルの量子化を行う．以下の手続きは第 7 章で考える自由電子の場合もそのまま使える．

まず一辺が L の大きさの立方体を考える．対応する波数空間では波数ベクトルは飛びとびの値をもつ．つまり各ベクトルの終点は $2\pi/L$ おきに量子化される[4]．終点の密度は $L^3/8\pi^3$ である．ここで図 6.4(a) のように $\bm{k}$ 方向に波数幅 dk で微小な立体角 $d\Omega$ をもつ領域を考える．この中に含まれる終点の数，つまりモード数は，

$$M = \frac{L^3}{8\pi^3} k^2 dk d\Omega \tag{6.42}$$

となる．また電磁場を量子化するとモードあたり $\hbar\omega/2$ のゼロ点エネルギーをもつことが示される．各モードには 2 つの独立な偏光状態がある．以上よりゼロ点振動の強度は，

$$I_{\text{vac}} = \frac{M\hbar\omega}{L^3}\frac{c}{n} = \frac{\hbar\omega c}{8\pi^3 n} k^2 dk d\Omega \tag{6.43}$$

となる．n は屈折率である．式 (3.8) を使ってゼロ点振動の電場強度は，

$$|E_{\text{vac}}|^2 = \frac{8\pi}{nc} I_{\text{vac}} = \frac{\hbar\omega}{\pi^2 n^2} k^2 dk d\Omega \tag{6.44}$$

と見積もられる．

次にシグナル X 線の生成に寄与するアイドラー光の角周波数でのゼロ点振動を見積もる [44]．一般にはエネルギーの保存 $\omega_3 = \omega_1 + \omega_2$ と位相整合条件を満たした状態で $d\bm{k}_1$ と $d\bm{k}_2$ の関係（ヤコビアン）を計算すればよい．今の場合は位相整合条件が単純なので直接計算する．$d\Omega_{1,2}$ は小さいとして波数ベクトル

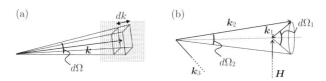

図 6.4 ゼロ点振動強度の計算．(a) 波数空間での体積とモード数の関係．(b) アイドラー光からシグナル X 線への立体角の変換．

---
[4] X 線の波数は 10^{10} m^{-1} なので $L = 1$ mm としてもかなり密である．

の幅を $dk_1 = dk_2$ と近似する．また図 6.4(b) より $d\Omega_1 = (k_2^2/k_1^2)d\Omega_2$ であることがわかる．これより，

$$dk_1 d\Omega_1 = \frac{k_2^2}{k_1^2} dk_2 d\Omega_2 \tag{6.45}$$

と変換されることがわかる．

以上より $\boldsymbol{k}_2$ 方向に波数幅 dk_2 で微小な立体角 $d\Omega_2$ 内に放射されるシグナル X 線は，

$$|E_1^*(0)|^2 = \frac{\hbar\omega_1}{\pi^2 n_1^2} k_1^2 dk_1 d\Omega_1 = \frac{\hbar c K_1 K_2^2}{\pi^2 n_1^2} dK_2 d\Omega_2 \tag{6.46}$$

で決まる角周波数 ω_1 でのゼロ点振動から発生することがわかる．なおシグナル X 線の屈折率を 1 として $k_2 = K_2$ とした．

(c) ゼロ点振動の強度

パラメトリック下方変換に関わるゼロ点振動の強度を見積もっておく．次項で取り上げる実験条件の $\mathcal{E}_1 = 100$ eV，$\mathcal{E}_2 = 11$ keV，$\Delta\mathcal{E}_2 = 2.2$ eV，$\Delta\Omega_2 = 1.4 \times 10^{-5}$ sr で計算すると，

$$I_{\text{vac}} = \frac{c}{8\pi}|E_1(0)|^2 = 1 \text{ GW/cm}^2 \tag{6.47}$$

に達する．ただし $n_1 = 1$ とした．パラメトリック下方変換に関わるゼロ点振動はかなり強いことがわかる．X 線領域では波数が大きいのでモード数が非常に多いためである．これが X 線レーザーなしでパラメトリック下方変換が観測できる理由である．逆にゼロ点振動が強いので X 線領域での誘導過程は難しい．

(d) シグナル X 線の強度

ゼロ点振動の表式 (6.46) を式 (6.41) に代入して，シグナル X 線強度は，

$$I_2 = \frac{c}{8\pi}|E_2|^2 = \frac{|\kappa_2|^2}{\mu_1^2 + \Delta k^2} \frac{\hbar c^2 K_1 K_2^2}{8\pi^3 n_1^2} dK_2 d\Omega_2$$

となる．この中の κ_2 については式 (6.27) より，

$$|\kappa_2|^2 = 4\pi^2 K_2^2 |\chi_H^{(2)}|^2 |E_3|^2 = \frac{32\pi^3}{c} K_2^2 |\chi_H^{(2)}|^2 I_3 \tag{6.48}$$

である．

導出が長くなったが最終的にシグナル光強度として,

$$I_2 = \frac{dK_2 d\Omega_2}{\mu_1^2 + \Delta k^2} \frac{4\hbar c K_1 K_2^4 |\chi_H^{(2)}|^2}{n_1^2} I_3 \quad (6.49)$$

が得られる.これは位相の不整合量 Δk についてローレンツ型の強度依存性を示す.また信号の強さは非線形感受率の大きさの 2 乗 $|\chi_H^{(2)}|^2$ に比例する.非線形感受率以外の物理量は既知なので強度依存性から非線形感受率の大きさを求まるはずである.

しかし残念ながら上式では実験結果をまったく説明できない.

6.3.5 実験との比較

パラメトリック下方変換の理論式が求まったので実験と比較する.長波長領域への X 線パラメトリック下方変換はフロイントらによる LiF の実験報告が 1 つある [45].しかし X 線発生装置で測定した彼らのデータは精度が低く定量的な解析に耐えない.著者のグループが SPring-8 で測定した高精度のデータから実際には何が起こるのかのヒントが得られる.

(a) 非線形回折のロッキングカーブ

図 6.5(a) は SPring-8 の BL19LXU で測定したものである [46].非線形結晶はダイヤモンドで,回折面は (111) 面である.ポンプ X 線,シグナル X 線,アイドラー光の光子エネルギーは,それぞれ $E_3 = 11$ keV, $E_2 = 10.9$ keV, $E_1 = 100$ eV とした.図の曲線は E_3 でのブラッグ角からのズレに対する E_2 で測定された散乱 X 線の強度を表している.これを非線形回折のロッキングカーブと呼ぶことにする.散乱 X 線は位相整合条件から予測される方向で測定している.散乱 X 線は図 4.7(c) の走査型スペクトロメータを使って分光した.分光結晶はヨハン配置の Ge220 反射である.信号が弱いので NaI シンチレーション検出器を使った.なおアイドラー光は結晶や空気による吸収が強いので測定しなかった.

ロッキングカーブは図 6.3(a) の位相整合条件が満たされる $\Delta\theta = 1.92°$ の近傍でピークをもつ.これはパラメトリック下方変換によると考えられる.しかしピークの形は非対称で,式 (6.49) で予想されるローレンツ型とは言いがたい.特に $\Delta\theta = 2.0°$ ではバックグランドを内挿した曲線よりも信号が減っている.もしパラメトリック下方変換がバックグランドの散乱過程と独立ならば,滑ら

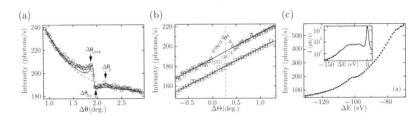

図 6.5 X線パラメトリック下方変換の測定結果 [46]. (a)X線非線形回折のロッキングカーブ. (b) ロッキングカーブ上の特徴的な点での散乱角依存性. 三角は $\Delta\theta_{\text{peak}}$, 丸は $\Delta\theta_{\text{dip}}$, 四角は $\Delta\theta_{\text{p}}$ で測定した. (a) と (b) の原点は $\mathcal{E}_3$ でのブラッグ条件に対応する. (c) 位相整合条件での散乱 X 線のスペクトル. 横軸は測定した光子エネルギーから $\mathcal{E}_3$ を引いた値（光子エネルギー損失）. $-\mathcal{E}_1$ (=-100 eV) のピークはパラメトリック下方変換による. インセットは広範囲のスペクトル. 原点のピークは弾性散乱, 幅広のピークはコンプトン散乱である.

かな曲線上にローレンツ型のピークが観測されるはずである.

理論的に予想されなかったディップが現れた. そこでロッキングカーブのピークやディップが散乱角（シグナル X 線を観測する方向）によってどう変化するのかを調べたものが図 6.5(b) である. 測定中は結晶の角度を固定しておいた. 図からディップがピークと同様に位相整合条件の近傍でのみ生じることがわかる.

以上の観測はバックグランドが単なる脇役ではないことを示している. バックグランドは主にコンプトン散乱に起因している. コンプトン散乱では図 6.6(a) のように光子の運動量が一部電子に移り, 光子エネルギーが下がる. 電子による光子の非弾性散乱の 1 つである. 単色の光子が静止した電子に散乱されると, その方向で決まる単一の光子エネルギーをもつ. しかし物質中の電子は運動しているので散乱後の光子エネルギーは図 6.5(c) のように幅をもつ.

ロッキングカーブのディップの議論に戻る. ディップの角度ではパラメトリック下方変換によりコンプトン散乱が抑制されると仮定してみる. その場合コンプトン散乱はすべての方向で減るはずである. これは図 6.5(b) の観測と矛盾する. 位相整合条件で決まる散乱角の近傍だけディップがあるのは X 線パラメトリック下方変換がコンプトン散乱と干渉するためと考えられる.

(b) ロッキングカーブのアイドラー依存性

次に非線形回折のロッキングカーブがアイドラーの光子エネルギーに対してどう変わるのか調べたものが図 6.6(b) である [47]. この測定では $\mathcal{E}_3 = 11$ keV

に固定して (E_1, E_2) を変えた.まず最低光子エネルギー ($E_1 = 40$ eV) ではパラメトリック下方変換は判別できない.位相整合条件がブラッグ条件に近く,弾性散乱の裾に埋もれていると考えられる.$E_1 = 50$ eV になるとディップが現れる.E_1 が増えるにつれて低角側にピークが成長してきて非対称になっていく.$E_1 = 130$ eV ではほぼローレンツ型のピークになっている.

図 6.6 の一連のロッキングカーブ形状はファノ (Fano) 効果で見られるものに似ている.実際にファノの式,

$$I(\Delta\theta) = I_0 \left\{ \frac{(q+\varepsilon)^2}{1+\varepsilon^2} - 1 \right\} + I_\mathrm{b}(\Delta\theta) \tag{6.50}$$

で ε を角度と見なせばロッキングカーブを再現できる.q は非対称因子,I_b はバックグランドである.問題は非弾性過程であるコンプトン散乱が非線形過程の X 線パラメトリック下方変換と干渉するのかという点である.

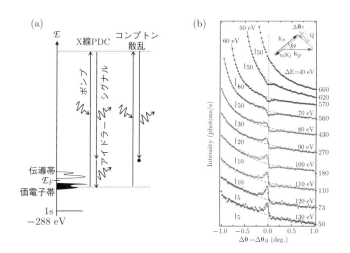

図 **6.6** ロッキングカーブのアイドラー光の光子エネルギー依存性 [47].(a) ダイヤモンドの状態密度,X 線パラメトリック下方変換 (X 線 PDC),コンプトン散乱の関係を模式的に示したエネルギー図.(b) 非線形回折のロッキングカーブ.アイドラー光の光子エネルギーは ΔE で示されている.横軸は位相整合条件から測った角度.実線は式 (6.50) によるフィッティング.点線は内挿されたバックグランド.

6.4 ファノ効果

ファノ効果は終状態へ至る過程が2つ存在し，それぞれ離散的な状態と連続的な状態を経由するときに現れる量子力学的な共鳴・干渉現象である [48]．具体的には励起スペクトルで連続状態の中に離散準位が埋もれていて，2つの間に相互作用が働くような系で見られる．

6.4.1 自動イオン化スペクトル

次章の議論とも関連するので原子を光励起したときに見られるファノ効果を少し詳しく見ていく．ヘリウム原子の場合を図 6.7(a,b) に示す．光子エネルギーがヘリウムの第2イオン化エネルギー (54.4 eV) より少し低い場合を考える．これは第1イオン化エネルギー (24.6 eV) より大きいのでヘリウム原子を光イオ

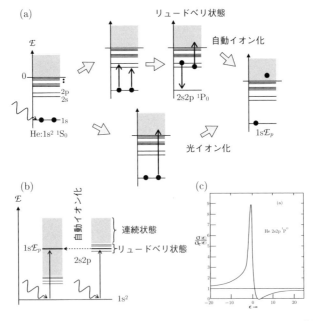

図 6.7 ヘリウムの自動イオン化と光イオン化の模式図．(a) リュードベリ状態から自動イオン化を経て終状態に至る経路と光イオン化により直接終状態に至る経路が競合する．(b) 系のエネルギー状態で表示した場合．左は1電子，右は2電子の励起スペクトル．(c) ヘリウムの吸収スペクトルに現れるファノ効果 [49]．

ン化 (photo-ionization) できる．その結果 1s 電子の片方が真空の連続状態に励起され自由電子となる．この状態は自由電子と 1s 軌道にもう一方の電子があるので $1s\mathcal{E}_p$ と記すことにする．

ところで第 2 イオン化エネルギーの直下にリュードベリ (Rydberg) 状態と呼ばれる束縛状態が存在する．例えば 2s 軌道と 2p 軌道に 1 つずつ電子がある 2s2p 状態である．光子エネルギーが 2s2p 状態への励起エネルギーに一致すれば共鳴励起できる．この状態はまだ中性である．2s2p 状態は不安定で 2p→1s 遷移で緩和する．このときクーロン相互作用により 2s 電子が余分なエネルギーを受けとって真空の連続状態に励起される．原子が勝手にイオン化されるので自動イオン化 (auto-ionization) と呼ぶ．途中でリュードベリ状態を経由するが，終状態は光イオン化と同じ $1s\mathcal{E}_p$ である．

観測している終状態からは直接の光イオン化過程とリュードベリ状態を経由した自動イオン化過程の区別がつかない．このため 2 つの過程は干渉する．干渉効果により吸収スペクトルは図 6.7(c) のようなファノ型と呼ばれる非対称な形状を示す．重要なのは 2s2p と $1s\mathcal{E}_p$ という異なる電子配置の間に自動イオン化という相互作用が働くことである．ファノはこれを配置間相互作用 (configuration interaction) と名付けた．

6.4.2 ファノ効果の量子論

ファノ効果は自動イオン化以外でも様々な系で見られる普遍的な現象である．例えばフォノンによるラマン散乱 [50] や量子ドット [51] などでも報告がある．これはファノ効果が起こるには，

$$\langle \phi | \hat{\mathcal{H}} | \phi \rangle = \mathcal{E}_\phi \tag{6.51}$$

$$\langle \psi_{\mathcal{E}'} | \hat{\mathcal{H}} | \psi_{\mathcal{E}} \rangle = \mathcal{E}' \delta(\mathcal{E}' - \mathcal{E}) \tag{6.52}$$

$$\langle \psi_{\mathcal{E}} | \hat{\mathcal{H}} | \phi \rangle = V_{\mathcal{E}} \tag{6.53}$$

という系の詳細によらない 3 条件が成立すればよいためである．最初の式は離散状態 ϕ があることを示す．次は連続状態 $\psi_{\mathcal{E}}$ を表している．最後は連続状態と離散状態の間に配置間相互作用 $V_{\mathcal{E}}$ があることを表している．あるいはファノ効果だけに注目すれば，

$$\hat{\mathcal{H}} = \mathcal{E}_\phi |\phi\rangle\langle\phi| + \sum_{\mathcal{E}'} \mathcal{E}' |\psi_{\mathcal{E}'}\rangle\langle\psi_{\mathcal{E}'}| + \sum_{\mathcal{E}'} (V_{\mathcal{E}'} |\psi_{\mathcal{E}'}\rangle\langle\phi| + \text{h.c.}) \tag{6.54}$$

というハミルトニアンで記述できる.余談になるが ϕ を不純物の d 電子に ψ を s バンドに置き換えれば物性物理のアンダーソン (Anderson) 模型になる [52].上式は片方が連続状態なので波動関数を求めるのはかなり難しい [5].

表 **6.1** 波動関数の意味.

	$V_E = 0$	$V_E \neq 0$
離散状態	ϕ	Φ
連続状態	ψ_E	Ψ_E

ファノは巧妙な計算を行って,$V_E = 0$ と $V_E \neq 0$ に対する遷移演算子 $\hat{\mathcal{T}}$ の行列要素の比が,

$$\frac{|\langle \Psi_E | \hat{\mathcal{T}} | i \rangle|^2}{|\langle \psi_E | \hat{\mathcal{T}} | i \rangle|^2} = \frac{(q+\varepsilon)^2}{1+\varepsilon^2} \tag{6.55}$$

となることを導いた [48].$|i\rangle$ は始状態のベクトルである.その他の波動関数の意味は表 6.1 にまとめてある.また,

$$\varepsilon = \frac{\Delta \mathcal{E}}{\Gamma/2} \tag{6.56}$$

は共鳴エネルギーからのズレ $\Delta \mathcal{E}$ を離散状態のエネルギー幅 Γ で規格化したものである.先に非対称因子と呼んだ,

$$q = \frac{\langle \Phi | \hat{\mathcal{T}} | i \rangle}{\pi V_E^* \langle \psi_E | \hat{\mathcal{T}} | i \rangle} \tag{6.57}$$

は離散状態と連続状態への遷移の重要度に関係する量である.

さてフェルミ (Fermi) の黄金則より,$\hat{\mathcal{T}}$ による始状態 $|i\rangle$ から終状態 $|f\rangle$ への単位時間あたりの遷移確率は,

$$w_{fi} = \frac{2\pi}{\hbar} |\langle f | \hat{\mathcal{T}} | i \rangle|^2 D(\mathcal{E}_f) \tag{6.58}$$

と書ける.D は状態密度 (density of states) である.これより式 (6.55) が図 6.7(c) の規格化された吸収スペクトルと直接比較できることがわかる.このように配置間相互作用があるときの連続状態の波動関数 Ψ_E を求めなくてもスペ

---

[5] 式 (6.54) は $V_E = 0$ であれば,すでに解けている.両方とも離散状態なら $V_E \neq 0$ でも摂動問題として簡単に解ける.

クトルが議論できる.

一般に連続状態の一部しかファノ効果に関与しない場合のスペクトル形状は,

$$\frac{I}{I_{\mathrm{b}}} = a\left\{\frac{(q+\varepsilon)^2}{1+\varepsilon^2} - 1\right\} + 1 \tag{6.59}$$

と書ける.これが式 (6.50) である.このとき配置間相互作用により連続状態が混ざった離散準位への遷移行列要素は,

$$|\langle \Phi|\hat{\mathcal{T}}|i\rangle|^2 = \frac{\pi a q^2 \Gamma}{2}|\langle \psi_E|\hat{\mathcal{T}}|i\rangle|^2 \tag{6.60}$$

によって連続状態への遷移行列要素と結びつけられる [53].この式が今の問題を解く鍵となる.

6.4.3 コンプトン散乱とパラメトリック下方変換のファノ効果

ファノ描像をパラメトリック下方変換とコンプトン散乱の問題に当てはめてみる.まずコンプトン散乱の終状態が連続状態になっていることは問題ない.コンプトン散乱された状態は運動量 p の自由電子と角周波数 ω_2 の散乱 X 線なので $|2, \mathcal{E}_p\rangle$ と書く.

もう一方のパラメトリック下方変換は注意が必要である.パラメトリック下方変換の基本方程式 (6.22) では最初からアイドラー光の吸収を含めて計算した.しかしファノ描像では吸収を分けて考える.吸収がなければ位相整合条件は結晶全体で満たされなければならない.式 (5.37) より $k \sim 10^{10}$ m^{-1}, $l = 1$ mm とすると,許される不整合量は $\Delta k/k \sim 1/kl = 10^{-7}$ と極めて小さくなる.このためシグナル X 線とアイドラー光の光子エネルギーの組合せは唯一に決まると考えてよい.これを離散状態と見なして $|1, 2\rangle$ と記す.

最後のピースが配置間相互作用である.これはアイドラー光を吸収して電子が連続状態に励起されることに対応する.すなわち $V_E = \langle 2, \mathcal{E}_p|\hat{\mathcal{H}}|1, 2\rangle$ である.

以上で式 (6.51-6.53) で示したファノ効果に必要な 3 条件がそろった.

(a) 古典的な干渉との比較

量子力学的な干渉効果であるファノ効果の特徴を明確にするために古典的な干渉と対比しておく.図 6.8 に古典的な干渉現象としてヤングの 2 重スリットを示す.両方とも観測しているものがどちらを経由してきたのか不明なことが

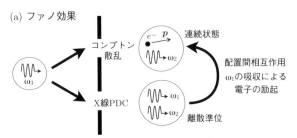

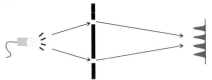

図 6.8 量子力学的な干渉であるファノ効果と古典的なヤングの 2 重スリットの対比．ファノ効果では遷移行列要素が足される．一方のヤングの 2 重スリットでは電場が足される．

本質的である．しかし干渉する物理量は異なる．ヤングの 2 重スリットでは電場（の期待値）が波として足し合わされる．一方でファノ効果では遷移行列要素が足される．

(b) コンプトン散乱の遷移行列

まずコンプトン散乱の強度を $|\langle\psi_{\mathcal{E}}|\hat{\mathcal{T}}|i\rangle|^2$ で表す．$\psi_{\mathcal{E}}$ をほぼ同じ状態 ψ_f が密接した擬似連続状態と見なして [50]，

$$\psi_{\mathcal{E}} = \sqrt{D(\mathcal{E})}\psi_f \qquad (6.61)$$

と書く．コンプトン散乱された X 線がシグナル X 線と同じ方向の微小立体角 $d\Omega_2$ 中に向くときの単位時間あたりの遷移確率はフェルミの黄金則により，

$$dw_c = \frac{2\pi}{\hbar}|\langle\psi_f|\hat{\mathcal{T}}|i\rangle|^2 D(\mathcal{E})d\Omega_2 = \frac{2\pi}{\hbar}|\langle\psi_{\mathcal{E}}|\hat{\mathcal{T}}|i\rangle|^2 d\Omega_2 \qquad (6.62)$$

で与えられる[6]．これより微分散乱断面積は，

---

[6] $\psi_{\mathcal{E}}$ は (エネルギー)$^{-1/2}$，$\hat{\mathcal{T}}$ は (エネルギー) の次元をもっている．

$$\frac{d\sigma_{\mathrm{c}}}{d\Omega_2} = \frac{V}{c}\frac{dw_{\mathrm{c}}}{d\Omega_2} = \frac{V}{c}\frac{2\pi}{\hbar}|\langle\psi_{\mathcal{E}}|\hat{\mathcal{T}}|i\rangle|^2 \qquad (6.63)$$

となる．V は非線形結晶の体積である．

以上よりコンプトン散乱される光子数は，

$$N_{\mathrm{c}} = V\rho_{\mathrm{A}}\frac{d\sigma_{\mathrm{c}}}{d\Omega_2}\frac{N_3}{S} = \frac{d\sigma_{\mathrm{c}}}{d\Omega_2}\rho_{\mathrm{A}}l_{\mathrm{eff}}N_3 = \frac{V}{c}\frac{2\pi}{\hbar}|\langle\psi_{\mathcal{E}}|\hat{\mathcal{T}}|i\rangle|^2\rho_{\mathrm{A}}l_{\mathrm{eff}}N_3 \qquad (6.64)$$

と書ける．ここで入射 X 線（ポンプ X 線）の光子数を N_3，ビーム断面積を S とした．また試料の実効的な厚みを l_{eff} とし，散乱原子の密度を ρ_{A} とした．

(c) パラメトリック下方変換の遷移行列

次にパラメトリック下方変換のシグナル X 線の光子数を $|\langle\Phi|\hat{\mathcal{T}}|i\rangle|^2$ で表す．このときの単位時間あたりの遷移確率は，

$$w_{\mathrm{p}} = \frac{2\pi}{\hbar}|\langle\Phi|\hat{\mathcal{T}}|i\rangle|^2\delta(\mathcal{E}-\mathcal{E}_2) \qquad (6.65)$$

と書ける．配置間相互作用があるときの離散準位である Φ はアイドラーの吸収により幅 Γ をもつ．そこでデルタ関数をローレンチアンで置き換えて，

$$w_{\mathrm{p}} = \frac{2\pi}{\hbar}|\langle\Phi|\hat{\mathcal{T}}|i\rangle|^2\frac{1}{\pi}\frac{\Gamma/2}{(\mathcal{E}-\mathcal{E}_2)^2+(\Gamma/2)^2} \qquad (6.66)$$

とする．測定は位相整合条件で行うから $\mathcal{E}=\mathcal{E}_2$ として，

$$w_{\mathrm{p}} = \frac{2\pi}{\hbar}|\langle\Phi|\hat{\mathcal{T}}|i\rangle|^2\frac{2}{\pi\Gamma} \qquad (6.67)$$

である．パラメトリック下方変換の散乱断面積は，

$$\sigma_{\mathrm{p}} = \frac{V'}{c}w_{\mathrm{p}} = \frac{V'}{c}\frac{2\pi}{\hbar}|\langle\Phi|\hat{\mathcal{T}}|i\rangle|^2\frac{2}{\pi\Gamma} \qquad (6.68)$$

となる．ここで吸収のある場合は非線形結晶の実効的な厚みを $1/\mu_1$ と見なして，試料の体積を $V' = S/\mu_1$ とした．

以上よりパラメトリック下方変換されるシグナル X 線の光子数は，

$$N_{\mathrm{p}} = V'\rho_{\mathrm{A}}\sigma_{\mathrm{p}}\frac{I_3}{S} = \frac{V'}{c}\frac{2\pi}{\hbar}|\langle\Phi|\hat{\mathcal{T}}|i\rangle|^2\frac{2}{\pi\Gamma}\frac{\rho_{\mathrm{A}}N_3}{\mu_1} \qquad (6.69)$$

(d) X線非線形感受率の導出

前式に式 (6.60) を代入してファノ描像の式 (6.64) を使うと，パラメトリック下方変換によるシグナル X 線の強度は，

$$I_\mathrm{p} = \frac{aq^2}{\mu_1 l_\mathrm{eff}} I_\mathrm{c} \tag{6.70}$$

とコンプトン散乱の強度に関係付けられる．

一方で結合波動方程式の解である式 (6.49) で $\Delta k = 0$ とすれば，

$$I_2 = \frac{\Delta K_2 \Delta \Omega_2}{\mu_1^2} \frac{4\hbar c K_1 K_2^4 |\chi_{\bm{H}}^{(2)}|^2}{n_1^2} I_3 \tag{6.71}$$

である．この I_2 と式 (6.70) の I_p は同じ量だから，

$$|\chi_{\bm{H}}^{(2)}|^2 = \frac{I_\mathrm{c}}{I_3 \Delta \mathcal{E}_2 \Delta \Omega_2} \frac{aq^2 n_1^2 \mu_1}{4 K_1 K_2^4 l_\mathrm{eff}} \tag{6.72}$$

を得る．この式の右辺は実験条件や図 6.6 のようなロッキングカーブを式 (6.59) でフィッティングすることですべて決定できる．以上より 2 次の非線形感受率を実験的に求められる．

6.5　X線非線形感受率の共鳴効果

実は前節で導出した式 (6.72) の妥当性を実験的に検証するには困難な点がある．それは導出に使ったファノ描像を実証するために必要な 2 次の非線形感受率が未知なことである．しかし以下に見るようにファノ効果を仮定すると，アイドラー光の共鳴効果を矛盾なく説明できる．

6.5.1　炭素の K 吸収端でのパラメトリック下方変換

この測定も SPring-8 の BL19LXU にてダイヤモンドで行った [54]．ダイヤモンドを構成する炭素原子は $\mathcal{E}_\mathrm{K} = 290$ eV 付近に K 吸収端をもつ．そこでアイドラー光の光子エネルギーを $\mathcal{E}_\mathrm{K}$ 付近で変化させてパラメトリック下方変換へ

6.5 X線非線形感受率の共鳴効果

の共鳴効果を調べた．正確なロッキングカーブを測定するためには図6.6に見られた弾性散乱を抑制する必要がある．このために亜鉛のフィルターをシグナルX線用分光器の前に挿入した．ポンプX線の光子エネルギーは，亜鉛の吸収端の直上で透過率が最小となる $\mathcal{E}_3 = 9.67$ keV に選んだ．シグナルX線は吸収端より光子エネルギーが低いのでフィルターを透過する．

ところで図6.6ではファノ効果の連続準位はコンプトン散乱であったが，今の条件ではラマン (Raman) 散乱になる．ラマン散乱もコンプトン散乱と同じ非弾性散乱である．ただし図6.9(a) のように散乱されるX線はK吸収端のエネルギー $\mathcal{E}_K$ だけ光子エネルギーが低くなる点が異なる．また理論的な詳細は省略するが，ラマン散乱のスペクトルは吸収スペクトルと同じになる [55]．

図6.9(b) にバックグラウンドで規格化したロッキングカーブを示す． $\mathcal{E}_1$ が $\mathcal{E}_K$ を横切るときにロッキングカーブの形が大きく変化する．どのロッキング

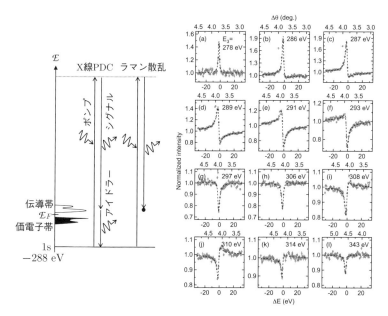

図 6.9 炭素のK吸収端でのロッキングカーブへの共鳴効果 [54]．左はダイヤモンドの状態密度，X線パラメトリック下方変換 (X線PDC)，ラマン散乱の関係を模式的に示したエネルギー図．右は各アイドラー光の光子エネルギーでの規格化されたロッキングカーブ．破線は式 (6.59) によるフィッティング．横軸は式 (6.73) で変換したエネルギー．

カーブも式 (6.59) で良く再現されている.

6.5.2 規格化されたエネルギーの表式

ロッキングカーブのフィッティングに使うファノの表式 (6.59) の ε について説明しておく. ε は式 (6.56) で与えられる規格化されたエネルギーである. ロッキングカーブの横軸は角度なので ε とは無関係に見える.

今ブラッグ角から $\Delta\theta_0$ だけずらした条件で $(\mathcal{E}_1^0, \mathcal{E}_2^0)$ が位相整合するとする. これまでは角度をずらす効果を Δk 依存性として解釈してきた. しかし別の見方もできる. 実は $\Delta\theta$ ずらしても位相整合条件を満たす $\mathcal{E}_1$ と $\mathcal{E}_2$ の組合せが存在する. このため角度依存性は $(\mathcal{E}_1, \mathcal{E}_2)$ を変化させていると解釈できる. このとき図 6.3(a) の形の位相整合条件では,

$$\mathcal{E}_2 - \mathcal{E}_2^0 = -\frac{\mathcal{E}_3 H \cos\theta_B}{(n_1+1)\{(n_1+1)K_2 - n_1 K_3\}}(\Delta\theta - \Delta\theta_0) \tag{6.73}$$

となることがわかる.

通常のファノ効果では図 6.7(c) のように測定するエネルギーを変えてスペクトルを得る. 今の場合は測定するエネルギーを $\mathcal{E}_2^0$ に固定して離散状態のエネルギーを変えていることになる. こう考えると $\mathcal{E}_2 - \mathcal{E}_2^0$ が式 (6.56) の $\Delta\mathcal{E}$ と見なせる. こうして角度とエネルギーが結びつけられる.

6.5.3 ロッキングカーブの解析結果

図 6.9 のロッキングカーブにフィッティングして求まったパラメータ q, a, Γ を図 6.10 に示す. ロッキングカーブは $\mathcal{E}_1$ が大きくなるにつれてローレンツ型のピーク → 非対称なピーク → ディップへと変化する. これに対応して q は正の大きな値からゼロに近づく. a はバックグラウンドであるラマン散乱のスペクトルと同じような光子エネルギー依存性を示す.

さて Γ はファノ効果では配置間相互作用による離散状態のエネルギー幅であった. ファノ理論では $\Gamma = 2\pi|V_{\mathcal{E}}|^2 = 2\pi|\langle 2, \mathcal{E}_p|\hat{\mathcal{H}}|1, 2\rangle|^2$ と書ける. 一方で光物性の見方ではアイドラー光の吸収が離散状態の寿命を決める. つまりアイドラー光の振幅吸収係数は μ_1 を使って $\Gamma = 2hc\mu_1$ と書ける. ダイヤモンドの吸収係数 [4] から計算した Γ とファノ描像で決めたものと比較したのが図 6.10(c) である. 2つは絶対値を含めて良く一致していると言える.

図 6.10(c) の μ_1 はダイヤモンドと同じ密度の孤立炭素原子で計算したので滑

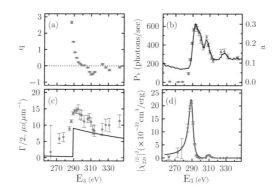

図 6.10 ファノ描像による図 6.9(b) の解析結果のアイドラーの光子エネルギー依存性 [54]．(a), (b), (c) はそれぞれフィッティングパラメタ q, a, Γ．(b) の実線はラマン散乱スペクトル．(c) の実線は吸収係数の理論値．(d) 非線形感受率．実線は式 (6.74) によるフィッティング．図では添字の 3 がアイドラーを示す．

らかな曲線になっている．一方でファノ描像で決めた Γ にはダイヤモンドの伝導帯の状態密度を反映した構造が現れている．図 6.10(b) のラマン散乱スペクトルは吸収スペクトルを表すので Γ と直接比較できる．それぞれのピークの光子エネルギーが一致していることが確認できる．

6.5.4 非線形感受率の共鳴効果

最後に式 (6.72) を使って $|\chi_H^{(2)}|^2$ を見積もったものが図 6.10(d) である．$\mathcal{E}_1 = 290$ eV 付近に強いピークと 310 eV 付近に弱いピークがある．これらはラマン散乱スペクトル（吸収スペクトル）のピークと一致している．$|\chi_H^{(2)}|^2$ の 2 つのピークは伝導帯への励起に共鳴するためと解釈できる．

$|\chi_H^{(2)}|^2$ の $\mathcal{E}_1$ 依存性はファノ型の非対称な形をしている．これはファノ効果ではなくローレンツ型の共鳴項と非共鳴項の古典的な干渉である．非線形感受率を，

$$|\chi^{(2)}(\mathcal{E}_1)|^2 = \left| \chi_{NR}^{(2)} + \sum_j \frac{b_j}{(\mathcal{E}_1 - \mathcal{E}_j^0 + i\gamma_j)} \right|^2 \quad (6.74)$$

と書くと再現できる．最初の項は非共鳴項で後が共鳴項である．

以上見てきたようにファノの式でロッキングカーブを再現できること，フィッティングで決めた Γ が吸収係数と良く一致すること，非線形感受率の $\mathcal{E}_1$ 依存性が論理的に説明できることからファノ描像が妥当と考えられる．

6.6 ダイヤモンドの局所光学応答

前節まででパラメトリック下方変換のロッキングカーブから非線形感受率を見積もれるようになった．これによって非線形感受率のミクロな表式 (6.10) から局所的な光学応答を議論できる．

6.6.1 X線パラメトリック下方変換の逆格子ベクトル依存性

実空間での局所的な光学応答を再構成するには様々な逆格子ベクトルに関して $\chi_H^{(2)}$ を求める必要がある．このとき長波長領域の光学応答は束縛の弱い電子からの寄与が大きいと予想される．そのような電子は空間的に広がっている．3.1.4 項の議論より比較的小さな H についての情報があればよい．

図 6.11(a) にダイヤモンドで測定したロッキングカーブを示す [41]．ポンプ X 線とシグナル X 線の光子エネルギーは，それぞれ $\mathcal{E}_3 = 11.107$ keV と $\mathcal{E}_2 = 11.007$ keV である．アイドラー光は $\mathcal{E}_1 = 100$ eV の極端紫外領域になる．測定に使った逆格子ベクトルは $H = (1,1,1), (2,2,0), (3,1,1), (2,2,2), (4,0,0)$

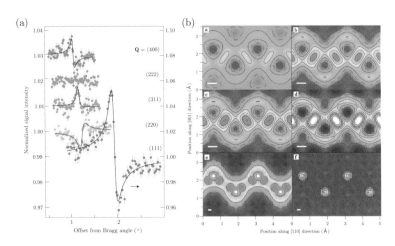

図 6.11 ロッキングカーブおよび線形感受率と電子密度の空間分布 [41]．(a) 5 つの異なる逆格子ベクトルに対する規格化されたロッキングカーブ．横軸はブラッグ角から測った角度．(b) 上側の 4 つは $\mathcal{E}_1 = 60, 80, 100, 120$ eV の線形感受率分布．下側は価電子（左）と内殻電子（右）の密度分布．すべて $(\bar{1}10)$ 面の断面．各パネルの左下の白棒は逆格子ベクトルで決まる空間分解能を表す．

の 5 つである．飛びとびに見えるが $|\boldsymbol{H}|$ の小さい方から順に選んである．ロッキングカーブの形状は $\boldsymbol{H}$ によって異なる．また大きな $\boldsymbol{H}$ ではバックグラウンドに対するファノ効果の比率が小さい．広がった電子がパラメトリック下方変換に関与していることが定性的にわかる．図 6.11(a) 以外にも $\mathcal{E}_1 = 60, 80, 120$ eV の計 4 つの光子エネルギーで同様の測定を行った．

6.6.2 線形感受率の再構成

前節の方法に従ってロッキングカーブをファノの式でフィッティングしてパラメータを得る．フィッティングで決めた q, a, Γ と測定した X 線の光子数などから式 (6.72) を使って 2 次の非線形感受率の絶対値 $|\chi^{(2)}_{\boldsymbol{H}}|$ が求まる．そして式 (6.20) と式 (6.10) を使うと $|\chi^{(2)}_{\boldsymbol{H}}|$ から $|\alpha^{\text{cell}}_{\boldsymbol{H}}(\omega_1)|$ が決まる．ここで有名な位相問題が現れる．位相がわからないので式 (3.27)，つまり，

$$\alpha_{\text{x}}(\boldsymbol{r}, \omega_1) = \frac{1}{v_{\text{c}}} \sum_{\boldsymbol{H}} \alpha^{\text{cell}}_{\boldsymbol{H}}(\omega_1) e^{i\boldsymbol{H} \cdot \boldsymbol{r}} \tag{6.75}$$

とフーリエ合成して実空間に戻せない．

実験的に位相を決定できればよいのだが，今のところその方法はわかっていない．そこで可能な位相の組合せをすべて試してみる全探査法を試みた．実は以下のように位相の自由度は知れている．まずアイドラー光の光子エネルギーの 100 eV はダイヤモンドの共鳴準位から十分離れているので線形の分極率を実数と見なす．ダイヤモンド構造には反転対称性があるので，フーリエ係数の $\alpha^{\text{cell}}_{\boldsymbol{H}}(\omega_1)$ を実数に選べる．つまり位相情報は $\pm$ の符号だけ（0 または π）になる．また結晶の対称性を使うと同じ $|\boldsymbol{H}|$ をもつ $\alpha^{\text{cell}}_{\boldsymbol{H}}(\omega_1)$ の位相関係が決められる．例えば $\alpha^{\text{cell}}_{111}(\omega_1) = -\alpha^{\text{cell}}_{11\bar{1}}(\omega_1)$ となる．

許されるすべての位相の組合せについて式 (6.75) より実空間像を再構成する．そのほとんどはダイヤモンドの電子密度分布から考えて不適切であることがわかる．例えば電子密度の低いところに大きな分極率がある組合せは正しくないので除く．さらに極端紫外光との相互作用は結合電荷が主に関与することを考慮すると図 6.11(b) の a-d が残る．比較すべきダイヤモンドの電子密度分布は図 6.11(b) の e と f に価電子と内殻電子に分けて示してある．

最も低いアイドラー光の光子エネルギーである 60 eV での 3 次元のプロットを図 6.12 に示す．図の立方体はダイヤモンド結晶の単位格子に相当する．1 辺

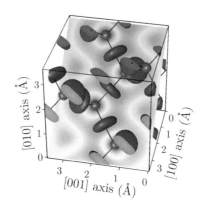

図 6.12 波長 207 Å でのダイヤモンドの局所光学応答（線形感受率の実空間像）[41]. 球面と円盤は $\alpha_x \geq |\alpha_0|$ と $\alpha_x \leq -1.9|\alpha_0|$ の境界を表す．平面は (110) 面での断面．実線は結合方向を表す．

の長さは 3.56 Å である．再構成した分布の空間分解能は最も大きな逆格子ベクトルで決まり $0.61 \times 2\pi/|\boldsymbol{H}_{400}| = 0.54$ Å である．これに対して調べている光学応答の波長はアイドラーの 207 Å である．つまり波長 207 Å の真空紫外光に対するダイヤモンドの光学応答を 0.54 Å の分解能で解明できたことになる．この分解能は $\lambda/380$ に相当する．207 Å の光だけを使ったときの回折限界である $\lambda/2$ をはるかに凌駕している．

図 6.12 の分極率は平均値 ($\alpha_0 < 0$) で規格化してある．原子の位置にある球体は $\alpha_x \geq |\alpha_0|$ の領域を示す．これは内殻電子の寄与に相当している．α_x が正なので電場と同じ位相で振動している．一方で円盤状の領域は $\alpha_x \leq -1.9|\alpha_0|$ である．原子間の結合電荷の寄与に対応する．α_x が負なので電場と逆位相の振動になる．位相が異なるのは光子エネルギーの 60 eV とそれぞれの束縛エネルギーを比較すると定性的に理解できる．つまり内殻電子の 290 eV と結合電荷の 12 eV に対してローレンツ模型（次項参照）を考えればわかる．なお全体として円盤状の領域の寄与の方が大きい．60 eV での光学応答は結合電荷が支配していることがわかる．

6.6.3 ローレンツ模型との比較

X 線パラメトリック下方変換で調べた局所光学応答をローレンツ模型と比較してみる．バンドの広がりを無視するとローレンツ模型は，

$$\alpha(\omega) = \frac{e^2}{m}\left(\frac{\rho_\mathrm{c}}{\omega_\mathrm{c}^2 - \omega^2} + \frac{\rho_\mathrm{v}}{\omega_\mathrm{v}^2 - \omega^2}\right) \qquad (6.76)$$

と書ける．添字の c と v は内殻と価電子を表す．上式をミクロな描像に拡張して，式 (3.27), (3.32) を使ってフーリエ成分で考える．構造因子の 111 フーリエ成分は $F_{111}^\mathrm{c} = -10.8$ と $F_{111}^\mathrm{v} = -7.70$ である [56]．例えば 100 eV で見積もると $\alpha_{111}^\mathrm{cell}(100\,\mathrm{eV})/v_\mathrm{c} = 1.53 \times 10^{-3}$ と計算できる．これに対して実験結果は $(3.7 \pm 0.57) \times 10^{-3}$ であった．計算ではバンド構造などを無視していることを考えるとモデルと実験の一致は良いと思われる．

6.7 和周波発生の実験

今のところ X 線パラメトリック下方変換ではアイドラーが真空紫外領域までしか観測されていない．これより長波長になるとシグナル X 線が弾性散乱と区別しづらくなるためである．ところが最近になって赤外光と X 線の和周波発生 (SFG, sum-frequency generation) がグローバーらにより報告された [42]．図 6.13 のように LCLS からの 8 keV の X 線と 1.55 eV(800 nm) のチタンサファイアレーザーを使ってダイヤモンドからの和周波を観測している．また和周波発生の偏光依存性も調べられている．式 (6.10) から予測されるように $\boldsymbol{H} \perp \boldsymbol{\epsilon}_1$ では非線形分極率はゼロになる．レーザーの偏光を回したときに予想通りの依存性が見られている（図 6.13 右下）．面白いことに彼らのデータからピーク強度で劣る蓄積リング光源でも X 線の和周波は観測可能と言われはじめている．

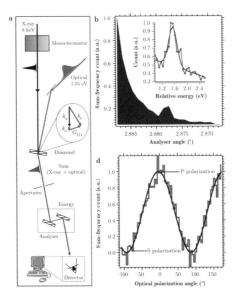

図 6.13 和周波発生の実験 [42]．X 線自由電子レーザーとチタンサファイアレーザーの和周波が結晶分光器で観測されている．レーザーの偏光依存性も測定されている．

第7章 非線形な吸収過程

第5章と第6章で2次の非線形性による散乱過程を見てきた．これらは穏やかな非線形光学過程と言える．本章ではX線自由電子レーザーからの強力なX線が引き起こす非線形な吸収過程を議論する．これは高強度X線によるダメージの問題と関連している．基礎的に興味深いだけでなく，X線自由電子レーザーを用いた応用研究と関係する重要なテーマになってきている．

7.1　高強度X線と物質との相互作用

第1章で議論したようにX線の光子エネルギーは原子の内殻の吸収端より大きい．このためX線を吸収すると内殻の電子が真空中の連続状態に励起され，内殻にホールが作られる．しかし内殻にホールがある原子がX線で測定されることはない．あるいは実験データを解析するときに原子が内殻励起状態にある可能性は考えない．実験室や蓄積リングベースのX線光源では，これで問題なかった．

内殻励起状態との相互作用を無視できたのには2つ理由がある．まず同じ原子に2回X線が当たるほど光子密度が高くなかったこと．それから内殻ホールの寿命がフェムト秒程度の短時間なことである．蓄積リングで極限的な集光を行えば同じ原子にX線光子が2つ当たる密度を達成できるかもしれない．それでもフェムト秒で同じ原子に2回当てることは不可能である．

X線の強度が上がってくると内殻にホールがある原子がX線を散乱したり，吸収したりする可能性が出てくる．ある意味で"新しい相互作用"と言える．このような"新しい相互作用"が加わるとX線の回折理論や散乱・吸収現象の取り扱いに修正が必要になる．例としてX線によってK殻（1s軌道）にホールが作

図 7.1 中性の原子と K 殻が 2 重にイオン化された原子による X 線散乱.

られる場合を考える．3.1.4 項の議論から局在した K 殻の電子が 1 つなくなるだけで原子散乱因子が広い散乱角で減少することがわかる．原子散乱因子の変化が結晶構造解析に影響するかもしれない．また K 殻にホールができると残った電子は強く束縛される．原子核へのクーロン遮蔽が弱まるためである．そして吸収端が高エネルギー側に大きく移動する．これは X 線吸収スペクトルや発光スペクトルに影響する．K 殻の電子が 2 つともない中空原子 (hollow atom) では K 吸収端がなくなり，吸収が激減する．

最初の X 線自由電子レーザーである LCLS が発振してすぐに "新しい相互作用" が確認されている．ヤング (L.Young) らはすべての電子がはぎ取られたネオン原子を観測している [57]．これはネオン原子が 1 つずつ計 6 個の軟 X 線光子を吸収したと考えると説明がつく．X 線領域では上田 (K.Ueda) らにより SACLA で行われたキセノンの多光子吸収が最初である [58]．

現在の SASE 方式の X 線自由電子レーザーはバンド幅が広い．これを 1 eV 程度に単色化すると強度が低下する．このため第 5 章や第 6 章で見てきたような単色ビームが必要な非線形な散乱過程の研究は難しい．これまでのところバンド幅が広くても問題のない非共鳴の吸収過程が主戦場となっている．

7.2　X 線吸収の基礎

非線形な吸収過程の前に 2.2.8 項で後回しにした X 線吸収のミクロな理論を簡単に見ていく．以下では単純化したモデルで吸収過程の特徴を調べる．

7.2.1　水素様原子の吸収断面積

多電子系を扱うのは難しいので水素様の孤立した原子で吸収断面積を考える．

7.2 X線吸収の基礎

原子番号 Z の水素様原子は $(Z-1)$ 価で 1s 電子を 1 つだけもつ．この原子が X 線を吸収して 1s 電子が真空の連続状態 $\boldsymbol{k}_f$ に励起される光イオン化過程を計算する．

式 (2.50) の摂動を受けた波動関数の係数 $a_n^{(1,p.A)}(t)$ まで戻って考える．2.4.1 項の議論から $a_n^{(1,p.A)}(t)$ の第 1 項が吸収を表すことがわかる．波動関数の性質により，この絶対値の 2 乗が摂動を受けた後に状態 $\boldsymbol{k}_f$ にある確率を与える[1]．後の直接 2 光子吸収の議論と合わせるために双極子近似を採用する．そこで $a_n^{(1,p.A)}(t)$ の代わりに式 (6.5) を使う．時間 T にわたって摂動を加えた後で状態 $\boldsymbol{k}_f$ にある確率は，

$$\begin{aligned}\left|a_{\boldsymbol{k}_f}^{(1,\mathrm{d})}(T)\right|^2 &= \left|-\frac{e\omega_{fi}}{2\hbar\omega}\frac{\langle \boldsymbol{k}_f|\boldsymbol{\epsilon}\cdot\hat{\boldsymbol{r}}|1\mathrm{s}\rangle E_0 \mathrm{e}^{i(\omega_{fi}-\omega)T}-1}{\omega_{fi}-\omega}\right|^2 \\ &= \frac{e^2\omega_{fi}^2}{\hbar^2\omega^2}|\langle\boldsymbol{k}_f|\boldsymbol{\epsilon}\cdot\hat{\boldsymbol{r}}|1\mathrm{s}\rangle|^2 |E_0|^2 \frac{\sin^2\frac{1}{2}(\omega_{fi}-\omega)T}{(\omega_{fi}-\omega)^2} \\ &= \frac{\pi e^2\omega_{fi}^2}{2\hbar^2\omega^2}|\langle\boldsymbol{k}_f|\boldsymbol{\epsilon}\cdot\hat{\boldsymbol{r}}|1\mathrm{s}\rangle|^2 |E_0|^2 T\delta(\omega_{fi}-\omega) \end{aligned} \quad (7.1)$$

である．$\hbar\omega_{fi}$ は $|\boldsymbol{k}_f\rangle$ と $|1\mathrm{s}\rangle$ のエネルギー差である．最後の計算では T が十分大きいとして $\lim_{T\to\infty}(\sin^2 xT)/x^2T = \pi\delta(x)$ を使った．単位時間あたりの吸収確率は，

$$w_{fi} = |a_{\boldsymbol{k}_f}^{(1,\mathrm{d})}(T)|^2/T \quad (7.2)$$

となる．

ここで単位面積に単位時間あたり入射する光子数 (流束密度，flux density) を $\mathcal{F}$ とする[2]．$\mathcal{F}$ と吸収断面積 $\sigma^{(1)}$ には $w_{fi} = \mathcal{F}\sigma^{(1)}$ の関係がある．また $\mathcal{F}$ と強度は $\mathcal{F} = I/\hbar\omega = c|E|^2/8\pi\hbar\omega$ で結ばれるので，

$$\sigma^{(1)}(\omega) = \frac{w_{fi}}{\mathcal{F}} = \frac{4\pi^2\alpha\omega_{fi}^2}{\omega}|\langle\boldsymbol{k}_f|\boldsymbol{\epsilon}\cdot\hat{\boldsymbol{r}}|1\mathrm{s}\rangle|^2 \delta(\omega_{fi}-\omega) \quad (7.3)$$

となる．α は微細構造定数である．

---

[1] 以下の計算はフェルミの黄金則を使って直接できる．しかし後の直接 2 光子吸収で使うので計算過程を示しておく．
[2] 単位は $[\mathcal{F}]$ = photons/cm^{2}s．

平面波近似

k_f の波動関数をまともに扱うのは手間がかかる．問題を簡単にするために X 線の光子エネルギーがイオン化閾値より十分高い場合を考える．このとき電子は大きな運動量をもった真空中の連続状態に励起される．そこで残されたイオンの影響は無視して，連続状態を波数 k_f の平面波（自由電子）で近似する．平面波の波動関数は体積 L^3 の立方体で規格化して，

$$\langle r | k_f \rangle = L^{-3/2} e^{i k_f \cdot r} \tag{7.4}$$

と書ける．1s 電子の波動関数は式 (3.16) で $a_0 \to a_0/Z$ と置き換えればよい．

式 (7.3) のデルタ関数は終状態の密度をかけて積分する必要がある．終状態の密度は k_f に向いた微小な立体角 $d\Omega$ でエネルギーが $\mathcal{E}_f$ から $\mathcal{E}_f + d\mathcal{E}$ の間にある状態数になる．これは波数ベクトルを量子化した式 (6.42) に自由電子のエネルギー $\mathcal{E}_f = \hbar^2 k_f^2 / 2m$ を当てはめれば計算できる．なお自由電子のエネルギーは束縛エネルギー分だけ小さくなるので $\mathcal{E}_f = \hbar\omega - \mathcal{E}_K$ となる．こうして状態密度は，

$$D(\mathcal{E}_f) d\Omega d\mathcal{E} = \frac{dM}{dE} d\Omega d\mathcal{E} = \frac{L^3}{8\pi^3} \frac{m k_f}{\hbar^2} d\Omega d\mathcal{E} \tag{7.5}$$

と求まる．これを式 (7.3) にかけて積分すると，

$$\frac{d\sigma^{(1)}}{d\Omega} = \frac{2048\omega}{c} \frac{Z^5}{a_0^6} \frac{k_f (\boldsymbol{\epsilon} \cdot \boldsymbol{k}_f)^2}{(Z^2/a_0^2 + k_f^2)^6} \tag{7.6}$$

となる [3]．これが光子エネルギーが吸収端より十分大きいときの水素様原子の 1 光子吸収の微分断面積である．

上式より終状態の電子の運動量 $\hbar k_f$ が大きくなると断面積は急激に小さくなることがわかる．吸収端から十分離れている場合は電子が終状態で獲得する運動エネルギーは ω にほぼ比例するので $\sigma \propto \omega^{-7/2}$ になる．実際は吸収端直上までほぼ $\sigma \propto \omega^{-3}$ になることが知られている．1s 以外の他の軌道でも同じような傾向を示す．このため X 線は光イオン化できる最も深い殻で主に吸収される．このことが最外殻の軌道あるいはフェルミ面近傍のバンドしか吸収に関与しない長波長領域と異なる．そして X 線に特有の様々な現象を引き起こす．

---

[3] 文献 B2 の上巻 p.328-333 を参照．

7.2.2 吸収端近傍

吸収端近傍は X 線分光で特に重要である．また後の直接 2 光子吸収とも関連するので簡単に触れておく．式 (7.6) では $k_f \to +0$ で $\sigma^{(1)} \to 0$ となる．しかし実際は図 2.2(d) のように吸収端をもつ．吸収端の近くで式 (7.6) が使えないのは式 (7.4) の平面波近似の誤差が大きくなるためである[4]．

連続状態の正しい波動関数を定性的に理解するために散乱問題として考えてみる．図 7.2(a) のように平面波の電子はイオンに散乱されて球面状の波を作る．この "散乱波" を式 (7.4) に加えたものが連続状態の正しい波動関数である．"散乱波" 成分は自由電子のエネルギーが小さいとき（吸収端近傍で）より重要になる．

結晶の場合

結晶では連続状態の波動関数はさらに複雑になる．まずフェルミ (Fermi) エネルギーの上にも空のバンドが存在する．このため吸収端直上の状態密度は式 (7.5) と異なる．そして状態密度を反映した構造が $\sigma^{(1)}(\omega)$，つまり吸収スペクトルに現れる．これを X 線吸収端近傍構造 (XANES, X-ray absorption near edge structure) と呼ぶ．なお $\sigma^{(1)}(\omega)$ に関わる状態密度は内殻にホールがあるときのもので基底状態とは異なる．

もう 1 つ重要なのは図 7.2(b) のようにイオンから広がる散乱波が周辺の原子

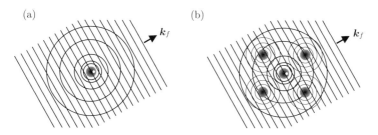

図 7.2 イオン化した原子による k_f の自由電子の散乱．(a) 孤立している場合．平面波が入射するとイオンで散乱される．(b) 結晶中にある場合．ブロッホ波がイオンで散乱される．この散乱波も周辺の原子で散乱される．k_f が小さい（吸収端に近い）ときは高次の散乱（多重散乱）も無視できない．

---

[4] 正しい取扱いは H. A. Bethe, E. E. Salpeter, "Quantum Mechanics of One- and Two-Electron Atoms", Dover Publications (1957), §4. に詳しい．

で散乱されることである．このため連続状態の波動関数にはイオン化された原子周辺の原子配置の情報が含まれる．これが広域 X 線吸収微細構造 (EXAFS, extended X-ray absorption fine structure) と呼ばれる吸収スペクトルの振動として現れる．振動を解析すると特定の元素周辺の原子配置がわかる．

7.2.3 K 殻ホール状態からの緩和

X 線による物質の損傷は可視光領域に比べて激しい．式 (7.6) の吸収断面積で調べたように内殻がイオン化されるためである．ここで原子が内殻でイオン化された後，どうなるのかを簡単に見ておく．

K 殻が光イオン化されてホールが 1 つある状態を考える．これを K 殻 SCH(single core hole) 状態と呼ぶことにする．K 殻 SCH 状態は不安定でフェムト秒程度の短い時間で緩和する．これには図 7.3 のように大きく分けて以下の 2 つの過程が関わる．

- 蛍光過程: 外殻の電子がホールを埋めたときに余分なエネルギーを蛍光 X 線として放出する．
- オージェ (Auger) 過程: 外殻の電子がホールを埋めたときに別の電子が余分なエネルギーを受け取って連続状態に励起される [5]．

これらはそれぞれ放射遷移，非放射遷移と呼ばれることもある．

K 殻の蛍光過程ではホールを埋める電子は主に L 殻と M 殻にある．L 殻のときの蛍光 X 線を $K\alpha$ 線，M 殻の方を $K\beta$ 線と呼ぶ．$K\alpha$ 線は $K\beta$ 線より低光子エネルギー側に現れる．L 殻の方が束縛エネルギーが大きいためである．細かく見ると L 殻は $L_{1,2,3}$ の副殻 (sub-shell) に分離している [6]．このうち L_1 副殻からは対称性のために K 殻に放射遷移できない．L_3 副殻からの蛍光線を $K\alpha_1$ と呼び，L_2 からを $K\alpha_2$ と呼ぶ [7]．蛍光が X 線領域にある元素では $L_{2,3}$ のエネルギー差は線幅より大きい．このため $K\alpha_1$ と $K\alpha_2$ は分離して観測される．蛍光 X 線の光子エネルギーは原子番号が増えると高くなっていく．これは元素ご

---

[5] K 殻 SCH 状態では電子軌道は核に近づいている．K 殻ホールを電子が埋めたとき他の電子はクーロン反発を受ける．

[6] 原子核位置での存在確率の違いにより $L_1(2s)$ が，スピン軌道相互作用で $L_{2,3}(2p_{1/2,3/2})$ が分裂する．後者は微細構造 (fine structure) と呼ばれる．

[7] 例えば銅の $K\alpha_1$, $K\alpha_2$, $K\beta$ の光子エネルギーは，それぞれ 8.0478, 8.0278, 8.9053 keV である．これらの強度比は 100:51:17 である [59]．

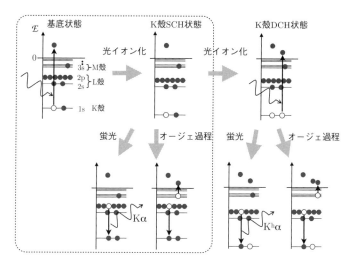

図 7.3 K 殻の光イオン化と緩和過程の模式図. 普通の X 線光源では点線内の過程が起こる. X 線自由電子レーザーのような非常に強い X 線では K 殻 SCH 状態が光イオン化されて K 殻 DCH 状態になる可能性がある.

とに決まっているので元素分析の強力な手段になる.

オージェ過程はより複雑である. 例えば K 殻のホールを L 殻の電子が埋めて L 殻の別の電子が真空の連続状態に励起される場合は KLL オージェ過程と呼ぶ. これには KL_2L_2 や KL_2L_3 などがある. さらに L 殻と M 殻が関わる KLM や M 殻ですべて起こる KMM などがある. それぞれに副殻の選択があるので多くの組合せがある. さらに角運動量まで考えるとかなり多くなる.

7.2.4 緩和過程のカスケード

K 殻で作られたホールは蛍光過程やオージェ過程により L 殻などに移動する. これで緩和過程が終わるわけではない. L 殻にホールがある励起状態も同様に緩和していく[8]. ただし K 殻より外側ではオージェ過程が支配的になる. こうしてオージェ過程がカスケード (cascade) 的に起こり, ホールが外殻へ移動しながら次々に電子が放出されていく. 例えばガス状のクリプトンで K 殻をイオン化したときに最終生成物として Kr^{12+} という高価数まで観測されている [60].

---

[8] L 殻より外側では同じ殻内でのコスター・クローニッヒ (Coster-Kronig) 遷移も起こる. 例えば $L_1L_{2,3}M_{4,5}$ がある. 原子の物理については文献 E5 を勧める.

ところで KLL オージェ過程で励起された自由電子は $\mathcal{E}_K - 2\mathcal{E}_L$ 程度の高い運動エネルギーをもつ．$\mathcal{E}_{K,L}$ は K 殻と L 殻の束縛エネルギーである．この運動エネルギーは金属元素では数 keV にもなる．また軽元素の光イオン化で生じる自由電子も高いエネルギーをもつ．このような高エネルギーの電子は結晶内の原子を衝突イオン化（衝突電離, impact ionization）していく．こうして生じた自由電子（2 次電子, secondary electron）もやはり高い運動エネルギーをもち，周辺の原子をイオン化していく．この一連の過程は放射線損傷 (radiation damage) の原因となる．

例えば 1 keV のエネルギーをもつ自由電子は 190 Å/fs で移動する．1 keV での衝突イオン化断面積はどの元素でも 1 Å^2 程度である [61]．そして光イオン化と違い，主に外殻に衝突する．外殻の束縛エネルギーは小さいので 1 keV の自由電子 1 つから多くの 2 次電子がフェムト秒で生じる．

特にフェムト秒の高強度 X 線の場合には瞬時に高密度の自由電子が発生する．自由電子どうしは衝突して数 10 fs で単一の電子温度 T_e で特徴づけられるマクスウェル・ボルツマン (Maxwell-Boltzmann) 分布になると考えられている [62]．さらに時間（〜 1 ps）がたつと電子とイオンの衝突により固体密度のプラズマ (plasma) になる [63]．このため集光した X 線自由電子レーザーのような高強度 X 線を使うと試料は蒸発してしまう．

7.3　逐次的な 2 光子吸収

7.1 節で指摘したように強度の高い X 線では内殻励起状態との相互作用が起こりえる．その 1 例として X 線を吸収して K 殻 SCH 状態になった原子が緩和する前にもう 1 度 X 線を吸収する過程を考えていく．中間状態が内殻ホールをもつ実状態なので逐次的な 2 光子吸収 (sequential two-photon absorption) と呼ばれる．

7.3.1　K 殻 2 重イオン化

逐次的な 2 光子吸収により K 殻が 2 重にイオン化される過程は図 7.3 の右側部分に示されている．K 殻で 2 回イオン化されると 2 つのホールがある K 殻 DCH(double core hole) 状態になる．K 殻 SCH 状態ではクーロン遮蔽が弱いの

表 7.1 クリプトンの K 吸収端と蛍光 X 線の光子エネルギー. 蛍光 X 線は $K\alpha_{1,2}$ または $K^h\alpha_{1,2}$ のみ示した.

	K 吸収端(keV)	蛍光 X 線(keV)
中性	14.326 [59]	-
K 殻 SCH 状態	14.874 [64]	12.649 / 12.598 [59]
K 殻 DCH 状態	-	13.037 / 12.986 [65]

で残された電子はより強く束縛されている. この K 殻を光イオン化するには中性の場合より高い光子エネルギーが必要になる (表7.1). 以下では「K 殻」を省略して単に SCH や DCH と呼ぶことにする.

DCH 状態も不安定で SCH 状態と同じように蛍光過程やオージェ過程で緩和する. DCH 状態からの蛍光 X 線はハイパーサテライト (hyper sattelite) と呼ばれる. $K\alpha_{1,2}$ と同様に $L_{3,2}$ 副殻からの蛍光を $K^h\alpha_{1,2}$ と書く. クーロン遮蔽が弱いので $K^h\alpha_{1,2}$ 線は $K\alpha_{1,2}$ より高い光子エネルギーをもつ.

もし $K^h\alpha$ 線を観測できればフェムト秒程度の短寿命の内殻励起状態にある原子と X 線が相互作用したことを実証できる. ただし 1 つ注意点がある. それは高強度の X 線でなくても DCH 状態を生成できることである. これには 2 つの 1s 電子の束縛エネルギーの合計より大きな光子エネルギーで励起すればよい. 電子間のクーロン相互作用でシェークオフ (shake-off) が起こって 2 電子が放出される [66]. 1 光子過程なので高強度を必要としない. このため逐次的な 2 光子吸収の実験では 1 光子過程の排除が重要になる.

7.3.2 レート方程式

K 殻 2 重イオン化過程を定式化して定量的に考えていく. 非共鳴の逐次的な過程なので状態間の移り変わりを古典的に扱うことにする [9]. 図 7.3 の過程は,

$$\frac{dn_N(t)}{dt} = -\sigma_N^{(1)}\mathcal{F}(t)n_N(t) \tag{7.7}$$

$$\frac{dn_S(t)}{dt} = \sigma_N^{(1)}\mathcal{F}(t)n_N(t) - \sigma_S^{(1)}\mathcal{F}(t)n_S(t) - \frac{1}{\tau_S}n_S(t) \tag{7.8}$$

$$\frac{dn_D(t)}{dt} = \sigma_S^{(1)}\mathcal{F}(t)n_S(t) - \frac{1}{\tau_D}n_D(t) \tag{7.9}$$

と表せる. 添字の N, S, D は, それぞれ中性の基底状態, SCH 状態, DCH 状態

---

[9] 密度行列の非対角項を無視する. 共鳴では普通は無視できない. 詳しくは文献 C4 の p.209 を参照のこと.

を表す．n はポピュレーション（状態の分率），σ は吸収断面積，$\mathcal{F}$ は X 線の流束密度，τ は状態の寿命である．このような連立方程式をレート方程式 (coupled rate equations) と呼ぶ．

レート方程式は直感的でわかりやすい．例えば図 7.3 で SCH 状態の出入りを数え上げてみる．新たに SCH 状態になるには基底状態から光イオン化される道しかない．これは式 (7.8) の右辺第 1 項が表している．残りの 2 項が DCH 状態への光イオン化と SCH 状態から別の状態への緩和を表す．緩和した後の状態は励起されても DCH 状態にならないので無視する．SCH 状態の寿命の逆数は蛍光過程とオージェ過程による寿命（τ_F と τ_A）の逆数の和 $1/\tau_\mathrm{S} = 1/\tau_\mathrm{F} + 1/\tau_\mathrm{A}$ で与えられる．

上のようなレート方程式は普通は数値計算で解く．しかし $n_\mathrm{N} \gg n_\mathrm{S} \gg n_\mathrm{D}$ と仮定すると近似的に計算を進められる．この条件は DCH 状態を作れる程度に X 線が強いが，$\sigma^{(1)}_\mathrm{N,S}\mathcal{F}(t) \sim 1$ になるほどでない場合に対応する．このとき $n_\mathrm{N}(t) \simeq 1$ と見なしてよい．式 (7.8) の第 2 項を無視して積分すると，

$$n_\mathrm{S}(t) = \int_{-\infty}^{t} \sigma^{(1)}_\mathrm{N} \mathcal{F}(t') \mathrm{e}^{-(t-t')/\tau_\mathrm{S}} dt' \tag{7.10}$$

を得る．これを式 (7.9) に代入して DCH 状態に励起される原子の割合 N_D を計算する．DCH 状態からの緩和を表す右辺第 2 項は除いて積分して，

$$N_\mathrm{D} = \int_{-\infty}^{\infty} \sigma^{(1)}_\mathrm{S} \mathcal{F}(t) \left\{ \int_{-\infty}^{t} \sigma^{(1)}_\mathrm{N} \mathcal{F}(t') \mathrm{e}^{-(t-t')/\tau_\mathrm{S}} dt' \right\} dt \tag{7.11}$$

と表せる．

ここで X 線パルスの時間波形を扱うために $\int f(t)dt = 1$ と規格化した関数 $f(t)$ を導入する．このとき $\mathcal{F}(t) = \mathcal{F}_0 f(t)$ と書ける．$\mathcal{F}_0$ はフルエンス (fluence) である[10]．4.1.2 項で議論したように SASE 方式の自由電子レーザーでは $f(t)$ はショットごとに変化する．そこで上式のアンサンブル平均をとって，

$$\langle N_\mathrm{D} \rangle = \mathcal{F}_0^2 C \tag{7.12}$$

$$C = \left\langle \int_{-\infty}^{\infty} \sigma^{(1)}_\mathrm{S} f(t) \left\{ \int_{-\infty}^{t} \sigma^{(1)}_\mathrm{N} f(t') \mathrm{e}^{-(t-t')/\tau_\mathrm{S}} dt' \right\} dt \right\rangle$$

$$= \int_{-\infty}^{\infty} \sigma^{(1)}_\mathrm{S} \langle f(t) \rangle \left\{ \int_{-\infty}^{t} \sigma^{(1)}_\mathrm{N} \langle f(t') \rangle \mathrm{e}^{-(t-t')/\tau_\mathrm{S}} g^{(2)}(t-t') dt' \right\} dt \tag{7.13}$$

---
[10] 単位は $[\mathcal{F}_0] = \mathrm{photons/cm^2}$．

とする．ここで強度相関関数 (intensity correlation function) を，

$$g^{(2)}(\tau) = g^{(2)}(t-t') = \frac{\langle f(t)f(t')\rangle}{\langle f(t)\rangle\langle f(t')\rangle} \tag{7.14}$$

と古典的に定義した．$g^{(2)}(\tau)$ はパルス内で強度が揺らぐ効果を統計的に表している．DCH 状態に励起される割合は同じ X 線パワー密度 ($\propto \mathcal{F}_0$) でも $\langle f(t)\rangle$ と $g^{(2)}(\tau)$ に依存する．

7.3.3 パルス幅効果

まず式 (7.13) におけるパルスの効果を調べる．X 線自由電子レーザーの場合，$\langle f(t)\rangle$ はガウス型で近似できて，

$$\langle f(t)\rangle = \frac{1}{\sqrt{2\pi}\Delta t}e^{-t^2/2\Delta t^2} \tag{7.15}$$

で表せる．Δt はパルスの時間幅（標準偏差）である．

以下ではパルスの効果だけを議論するために X 線パルスが単一モードで安定していると仮定する．このとき個々のパルス形状も上式で表される．$\langle f(t)f(t')\rangle = f(t)f(t') = \langle f(t)\rangle\langle f(t')\rangle$ だから $g^{(2)}(\tau) = 1$ となる．したがって式 (7.13) は，

$$\begin{aligned}
C &= \frac{\sigma_{\mathrm{S}}^{(1)}\sigma_{\mathrm{N}}^{(1)}}{2\pi\Delta t^2}\int_{-\infty}^{\infty}e^{-\frac{t^2}{2\Delta t^2}}\left(\int_{-\infty}^{t}e^{-\frac{t'^2}{2\Delta t^2}}e^{-\frac{t-t'}{\tau_{\mathrm{S}}}}dt'\right)dt \\
&= \frac{\sigma_{\mathrm{S}}^{(1)}\sigma_{\mathrm{N}}^{(1)}}{\pi}\int_{-\infty}^{\infty}e^{-s^2+\xi s}\left(\int_{s}^{\infty}e^{-s'^2-\xi s'}ds'\right)ds
\end{aligned} \tag{7.16}$$

と計算できる．ここで $t = -\sqrt{2}\Delta ts$, $t' = -\sqrt{2}\Delta ts'$ と変数変換した．また τ_{S} で規格化した無次元のパルス幅，

$$\xi = \sqrt{2}\Delta t/\tau_{\mathrm{S}} \tag{7.17}$$

を導入した．

SCH 状態の寿命に比べてパルス幅が十分に長い ($\xi \gg 1$) ときは式 (7.16) は積分できる．$\xi \gg 1$ では式 (7.16) の $(\cdots)$ 内の被積分関数は，図 7.4(a) のように素早く減衰する．これを $\exp(-s^2 - \xi s')$ と近似して，

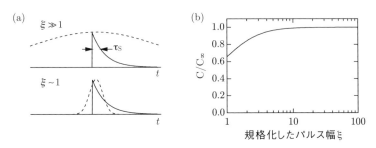

図 7.4 逐次的な 2 光子吸収に対するパルス幅の影響. (a) パルス幅と SCH 状態からの緩和の関係. 点線はパルス形状で実線は SCH 状態からの緩和を表す. (b) 強度揺らぎがないときの C/C_∞ の ξ 依存性.

$$C_\infty = \frac{\sigma_S^{(1)}\sigma_N^{(1)}}{\pi} \int_{-\infty}^{\infty} e^{-2s^2+\xi s}\left(\int_s^\infty e^{-\xi s'}ds'\right)ds$$

$$= \frac{\sigma_S^{(1)}\sigma_N^{(1)}}{\sqrt{2\pi}\xi} = \frac{\sigma_D^{(2)}}{2\sqrt{\pi}\Delta t} \tag{7.18}$$

を得る. ただし DCH 状態への形式的な吸収断面積を,

$$\sigma_D^{(2)} = \sigma_S^{(1)}\tau_S\sigma_N^{(1)} \tag{7.19}$$

と定義した[11]. この式は中性の原子が $\sigma_N^{(1)}$ で SCH 状態に光イオン化された後に, τ_S 以内にもう一度 $\sigma_S^{(1)}$ で光イオン化されて DCH 状態になることを意味する.

一般の場合に式 (7.16) を数値積分した結果を図 7.4(b) に示す. $\xi > 10$ であればパルス幅の影響は無視できることがわかる. ξ が小さい領域では C は C_∞ より小さくなって励起効率は低下する. 図 7.4(a) のように SCH 状態が緩和しきる前にパルスが終了するためである.

7.3.4 強度揺らぎの効果

次に式 (7.13) への $g^{(2)}(\tau)$ の影響を議論する[12]. 一般に多光子過程は強度の揺らぎ方に影響を受ける. 例えば $f_f(t) = 1 + \cos t$ のように周期的に揺らいで

---

[11] 単純には $\int \mathcal{F}_0 \sigma_S^{(1)} \exp(-t/\tau_S) \mathcal{F}_0 \sigma_N^{(1)} dt = \mathcal{F}_0^2 \sigma_S^{(1)} \tau_S \sigma_N^{(1)}$ である.
[12] 強度相関については文献 E7 がわかりやすい. 強度相関を含むコヒーレンスの一般的な議論は文献 E1, 自由電子レーザーに関しては文献 E2 を参照のこと.

いても時間平均は $\overline{f_{\mathrm{f}}(t)} = 1$ である．しかし 2 乗の平均は，

$$\overline{f_{\mathrm{f}}^2(t)} = \overline{1 + 2\cos t + (\cos 2t + 1)/2} = 1.5 \qquad (7.20)$$

となる．一方で定常的 ($f_{\mathrm{c}}(t) = 1$) なら $\overline{f_{\mathrm{c}}^2(t)} = 1$ である．2 光子過程のように強度の積に依存する場合，平均値が同じでも揺らぎがある方が効率が高くなる．

上では $\mathrm{g}^{(2)}(0)$ を計算したが，$\tau \neq 0$ でも揺らぎの影響がある．SASE の強度揺らぎは図 4.4 や図 7.5(a) のように非周期的である．このとき強度が持続する典型的な時間をコヒーレンス時間 τ_{c} と呼ぶことにする．時間差 τ が τ_{c} 程度までは揺らぎの効果で $\mathrm{g}^{(2)}(\tau)$ が 1 より大きくなる．$\tau > \tau_{\mathrm{c}}$ では不規則な変動のため $\mathrm{g}^{(2)}(\tau) = 1$ になる．

具体的な $\mathrm{g}^{(2)}(\tau)$ の形は揺らぎの性質に依存する．SASE はカオス光的な統計性でガウス型のスペクトルをもつと考えられている[13]．このとき，

$$\mathrm{g}^{(2)}(\tau) = 1 + \exp\left(-\frac{\pi\tau^2}{\tau_{\mathrm{c}}^2}\right) \qquad (7.21)$$

と書ける．この関数を図 7.5(b) に示す．$\tau_{\mathrm{c}} \gg \tau_{\mathrm{S}}$ では $\sigma_{\mathrm{D}}^{(2)}$ から単純に予想されるより 2 倍の増強が起こる．逆に $\tau_{\mathrm{c}} \ll \tau_{\mathrm{S}}$ では揺らぎの効果は無視できる．中間領域では式 (7.13) を数値積分してパルスと揺らぎの効果を見積もる．

実際に強度揺らぎの効果を評価するには τ_{c} が必要になる．SASE のようなガウス型のカオス光ではスペクトルのバンド幅（標準偏差）$\Delta\omega$ から，

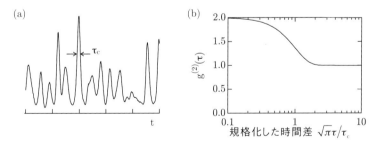

図 **7.5** 逐次的な 2 光子吸収に対する強度揺らぎの影響．(a)SASE 方式の X 線自由電子レーザーのパルス内での強度の時間構造．(b) ガウス型のスペクトルをもつカオス光の強度相関関数 $\mathrm{g}^{(2)}(\tau)$．

---

[13] シミュレーションによると自由電子レーザーが飽和した地点ではカオス光と違う統計性を示す．増幅中と飽和後ではカオス光的と考えられている [67]．

$$\tau_c = \sqrt{\pi}/\Delta\omega \tag{7.22}$$

の関係を使って求められる．例えばバンド幅が半値全幅で 40 eV なら τ_c =0.069 fs と非常に短い．

7.3.5 クリプトンの K 殻 2 重イオン化実験

K 殻 2 重イオン化の例として SACLA で行ったクリプトンの実験を紹介する [68]．クリプトンは単原子気体なので簡明な議論ができる．2 原子分子では各原子の K 殻がイオン化される 2 光子過程も起こる．

X 線を単色化すると強度が不足するのでバンド幅 40 eV のビームをそのまま使った．そこで X 線の光子エネルギーは SCH 状態の吸収端から少し離れた 15.0 keV に選んだ（表 7.1）．まず図 7.6 のように 2 枚の平面ミラーで高調波を除いた．1 光子過程による DCH 状態の生成を避けるためである．その後で KB ミラー [69] で 1.2×1.3 μm^2 に集光して，クリプトンを封入したガスセルに照射した．ガスセルは真空チェンバ内に入れて空気による散乱を避けた．

逐次的な 2 光子吸収過程は通常の 1 光子吸収に比べてかなり弱いと予想された．このため試料前後の強度比から DCH 状態生成による吸収係数の変化を観測するのは難しい．そこで蛍光 X 線を測定することにした．$K^h\alpha$ 線が観測されればクリプトンが DCH 状態に励起されたことがわかる．$K^h\alpha$ 線は $K\alpha$ 線と光子エネルギーが大きく違うので微弱でも測定できる．

蛍光 X 線は全方位に放射されるので，なるべく広い立体角で測定する必要がある．また DCH 状態の割合を議論するために 400 eV 近く離れた $K\alpha$ 線と $K^h\alpha$ 線の強さを比べる必要がある．このため図 4.7(c) の走査型スペクトロメータをヨハンソン配置の Ge220 反射で構築した．測定立体角は 6.4×10^{-3} sr であった．SASE 方式ではパルスエネルギーが揺らぐので積算せずにシングルショットの測定を繰り返した．ショットごとのパルスエネルギーは KB ミラーの前に挿

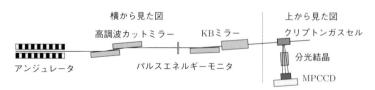

図 **7.6** クリプトンの K 殻 2 重イオン化実験の概略図．ミラーやガスセルは真空チェンバ内に入れられている．

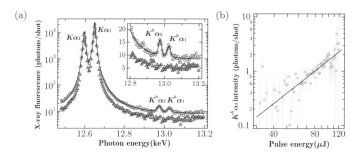

図 7.7 クリプトンの K 殻 2 重イオン化実験 [68]. (a) クリプトンの蛍光 X 線スペクトル. 丸と三角はそれぞれ平均のパルスエネルギーが 80.2 と 49.9 μJ での測定. (b)$K^h\alpha_2$ 線のパルスエネルギー依存性. 実線は傾き 2 の直線.

入された透過型のモニタで計測した [70]. 実験後にデータをパルスエネルギーで分類して蛍光 X 線スペクトルの強度依存性を得た.

図 7.7(a) に測定した蛍光 X 線のスペクトルを示す. 12.6 keV 付近の強い 2 重線は $K\alpha_{1,2}$ に対応する. その高光子エネルギー側の 13 keV 付近に 3 桁ほど弱い別の 2 重線が観測されている. これらは表 7.1 から $K^h\alpha$ 線と同定できる. $K\alpha$ 線と $K^h\alpha$ 線の比から全体の 0.1%程度が DCH 状態に励起されたことがわかる. $K^h\alpha_2$ 線の強さは図 7.7(b) のようにパルスエネルギーの 2 乗に比例している. この依存性から 2 光子過程であることがわかる. 以上から寿命がわずか 0.24 fs [71] の K 殻 SCH 状態のクリプトン原子が X 線と相互作用したことがわかる.

逐次的でない直接 2 光子吸収の可能性を検討しておく. これは別途行った 14.7 keV の測定で $K^h\alpha$ 線が観測されなかったことから否定される. 14.7 keV の光子を 2 つ同時に吸収すれば DCH 状態生成に必要なエネルギー (29.2 keV) に足りる. しかし 14.7 keV は SCH 状態の K 吸収端より低いので逐次的な 2 光子吸収は起こらないわけである.

7.4 直接 2 光子吸収

逐次的な 2 光子吸収による $K^h\alpha$ 線の観測により, K 殻にホールのある短寿命の状態と X 線の相互作用が実証された. 一方でそのような相互作用は全体

の 0.1%程度で依然として無視できるほど稀であった.この節ではそのような相互作用が無視できない影響を及ぼす例を直接 2 光子吸収 (direct two-photon absorption) で見ていく.直接 2 光子吸収は逐次的な 2 光子吸収と違って実の中間状態をもたない.これは狭い意味での非線形光学現象の 1 つである.

7.4.1　X 線の直接 2 光子吸収断面積

まず直接 2 光子吸収を特徴づける断面積について議論する.これは 3 次の非線形光学過程なので 3 次の非線形分極率の虚部で与えられる[14].しかし以下では非線形分極率の代わりに前節同様に吸収断面積で考える.

(a)　2 光子吸収断面積の概算

直接 2 光子吸収と逐次的な 2 光子吸収の違いを明らかにするために半定量的に断面積を見積る.2 光子を吸収する断面積は式 (7.19) を一般化して,

$$\sigma^{(2)} = \sigma_{\mathrm{e}}^{(1)} \tau_{\mathrm{e}} \sigma_{\mathrm{g}}^{(1)} \tag{7.23}$$

と書ける [72].ここで $\sigma_{\mathrm{e,g}}^{(1)}$ は中間状態と初期状態の 1 光子吸収断面積,τ_{e} は中間状態の寿命である.

K 殻 DCH 状態への逐次的な 2 光子吸収では τ_{e} は K 殻 SCH 状態の寿命 τ_{S} であった.この時間は $\tau_{\mathrm{S}} = 0.1 - 1$ fs である.一方で非共鳴の直接 2 光子吸収は実状態を経由しない.代わりに 1 光子を吸ったときに空いている連続状態まで仮想的に励起される.例として K 吸収端の半分の光子エネルギーを使う場合を考える.このとき中間状態ではエネルギーが 1 光子分足りない.仮想的な中間状態の寿命は不確定性原理により $\tau_{\mathrm{e}} = 1/\omega$ になる.例えば $\hbar\omega = 5$ keV なら $\tau_{\mathrm{e}} = 1.3 \times 10^{-19}$ s となり τ_{S} に比べてかなり短い.一方で $\sigma_{\mathrm{e,g}}^{(1)}$ は直接でも逐次でも同程度と考えられる.したがって直接 2 光子吸収の断面積は逐次的な場合に比べて 4 桁程度小さいと予想される.$\hbar\omega = 5$ keV で 1 光子吸収断面積を 10^{-20} cm^2 程度とすると $\sigma^{(2)} \sim 10^{-59}$ cm^{4}s と見積もれる.

---

[14] 線形の吸収は 1 光子を吸って吐く過程を表す線形分極率の式 (2.71) の虚部が表す.この虚部は 1 光子を吸ったところまでの式 (2.50) から本章の冒頭で計算した.同様に 2 光子吸収は 2 光子を吸って吐く過程,つまり 3 次の非線形分極率の虚部が表す.

(b) $p \cdot \mathcal{A}$ による直接 2 光子吸収

まず $p \cdot \mathcal{A}$ の 2 次摂動による直接 2 光子吸収を計算する．簡単のために単一のビームで励起することにする．式 (2.85) で計算した 2 次摂動の係数を式 (2.63) を使って双極子近似すると，

$$a_l^{(2,pA_1^- pA_2^-)}(t) = \sum_n \frac{e^2 \omega_{ln} \omega_{ng} E_1^2}{4\hbar^2 \omega^2} \frac{\langle l|\boldsymbol{\epsilon}\cdot\hat{\boldsymbol{r}}|n\rangle \langle n|\boldsymbol{\epsilon}\cdot\hat{\boldsymbol{r}}|g\rangle}{\omega_{ng}-\omega} \frac{e^{i(\omega_{lg}-2\omega)t}-1}{\omega_{lg}-2\omega}$$

を得る．ここで分子の -1 を復活させた．

1s 電子が真空の連続状態 $\boldsymbol{k}_f$ に励起されるとする．十分な時間 T たった後で状態 $\boldsymbol{k}_f$ にある確率は，

$$\left|a_{\boldsymbol{k}_f}^{(2,pA_1^- pA_2^-)}(T)\right|^2 = \frac{\pi e^4 T}{8\hbar^4} \left|\sum_n \frac{\omega_{fn}\omega_{ni}}{\omega^2} \frac{\langle \boldsymbol{k}_f|\boldsymbol{\epsilon}\cdot\hat{\boldsymbol{r}}|n\rangle \langle n|\boldsymbol{\epsilon}\cdot\hat{\boldsymbol{r}}|1\mathrm{s}\rangle}{\omega_{ni}-\omega}\right|^2 |E|^4 \delta(\omega_{fi}-2\omega)$$

と求まる．ここで添字の f と i は，それぞれ $\boldsymbol{k}_f$ と 1s の物理量であることを示す．7.2.1 項と同様にして吸収断面積を求めると，

$$\begin{aligned}\sigma^{(2,pA)}(\omega) &= \frac{1}{\mathcal{F}^2}\frac{|a_{\boldsymbol{k}_f}^{(2,pA_1^- pA_2^-)}(T)|^2}{T} = \frac{\hbar^2\omega^2}{I^2}\frac{|a_{\boldsymbol{k}_f}^{(2,pA_1^- pA_2^-)}(T)|^2}{T}\\ &=8\pi^3\alpha^2 \left|\sum_n \frac{\omega_{fn}\omega_{ni}}{\omega} \frac{\langle \boldsymbol{k}_f|\boldsymbol{\epsilon}\cdot\hat{\boldsymbol{r}}|n\rangle \langle n|\boldsymbol{\epsilon}\cdot\hat{\boldsymbol{r}}|1\mathrm{s}\rangle}{\omega_{ni}-\omega}\right|^2 \delta(\omega_{fi}-2\omega) \end{aligned} \quad (7.24)$$

となる．

上式は中間状態 n の和を含むので簡単には計算できない．しかし水素様原子で考えると便利なスケーリング則が導き出せる [73]．水素様原子の 1s 電子の波動関数は式 (3.16) で $a_0 \to a_0/Z$ と置き換えればよい．つまり長さは Z^{-1} でスケールする．束縛エネルギーは式 (1.3) のように Z^2 倍になる．上式で右辺の次元は (長さ)^4(エネルギー)$^{-1}$ である．したがって原子番号 Z の水素様原子の吸収断面積は水素の Z^{-6} 倍になる．以上より，

$$\sigma^{(2,pA)}(\omega,Z) = Z^{-6}\sigma^{(2,pA)}(\omega/Z^2,1) \quad (7.25)$$

と書ける．さらに Z の大きい原子で現れる相対論的な効果を補正すると，

$$\sigma^{(2,pA)}(\omega,Z) = \xi(Z)Z^{-6}\sigma^{(2,pA)}(\omega/Z^2,1) \quad (7.26)$$

と書ける [74]．水素の直接 2 光子吸収断面積は文献 [75] にあるので上式から他の元素の値を予想できる．

(c) $\mathcal{A}^2$ **による直接 2 光子吸収**

2 次の非線形感受率で見たように X 線領域では式 (2.47) の $\mathcal{A}^2$ の寄与も検討する必要がある．直接 2 光子吸収は $\mathcal{A}$ の 2 次過程なので $\mathcal{A}^2$ の 1 次摂動でも可能である．

前節と同様に $\mathcal{A}^2$ の摂動で 2 光子を吸収する確率を計算する．十分な時間 T たった後で状態 $\bm{k}_f$ にある確率は式 (2.83) より，

$$\left|a^{(1,A_1^- A_2^-)}_{\bm{k}_f}(T)\right|^2 = \left|\frac{e^2 \bm{\epsilon}_1 \cdot \bm{\epsilon}_2}{4m\hbar\omega_1\omega_2}\frac{\langle \bm{k}_f|e^{i(\bm{K}_1+\bm{K}_2)\cdot\hat{\bm{r}}}|1s\rangle E_1 E_2 e^{i(\omega_{fi}-\omega_1-\omega_2)T}-1}{\omega_{fi}-\omega_1-\omega_2}\right|^2$$

$$= \frac{\pi e^4 |\bm{\epsilon}_1 \cdot \bm{\epsilon}_2|^2 T}{8m^2\hbar^2\omega_1^2\omega_2^2}\left|\langle \bm{k}_f|e^{i(\bm{K}_1+\bm{K}_2)\cdot\hat{\bm{r}}}|1s\rangle\right|^2 |E_1|^2|E_2|^2 \delta(\omega_{fi}-\omega_1-\omega_2)$$

となる．ここで $\bm{K}_1 \parallel \bm{K}_2$ と仮定すると，

$$\bm{K}_1 + \bm{K}_2 = \frac{\omega_1+\omega_2}{c}\bm{v} \tag{7.27}$$

と書き換えられる．$\bm{v}$ は $\bm{K}_{1,2}$ 方向の単位ベクトルである．また Z は大きくないとして 2.2.6 項より $\exp\{i(\bm{K}_1+\bm{K}_2)\cdot\hat{\bm{r}}\} \simeq 1 + i(\bm{K}_1+\bm{K}_2)\cdot\hat{\bm{r}}$ と近似する．$|\bm{k}_f\rangle$ と $|1s\rangle$ は直交するので，

$$\left|a^{(1,A_1^- A_2^-)}_{\bm{k}_f}(T)\right|^2 = \frac{8\pi^3 e^4 |\bm{\epsilon}_1 \cdot \bm{\epsilon}_2|^2 (\omega_1+\omega_2)^2 I_1 I_2 T}{m^2 c^4 \hbar^2 \omega_1^2 \omega_2^2}|\langle \bm{k}_f|\bm{v}\cdot\hat{\bm{r}}|1s\rangle|^2 \delta(\omega_{fi}-\omega_1-\omega_2)$$

となる．$I_{1,2} = c|E_{1,2}|^2/8\pi$ は強度である．これより 2 光子吸収断面積は，

$$\sigma^{(2,\mathcal{A}^2)}(\omega_1,\omega_2) = \frac{1}{\mathcal{F}_1\mathcal{F}_2}w^{(2)}_{fi} = \frac{\hbar^2\omega_1\omega_2}{I_1 I_2}\frac{|a^{(1,A_1^- A_1^-)}_{\bm{k}_f}(T)|^2}{T}$$

$$= \frac{8\pi^3 r_e^2 |\bm{\epsilon}_1 \cdot \bm{\epsilon}_2|^2 (\omega_1+\omega_2)^2}{\omega_1\omega_2}|\langle \bm{k}_f|\bm{v}\cdot\hat{\bm{r}}|1s\rangle|^2 \delta(\omega_{fi}-\omega_1-\omega_2)$$

と計算できる．

上式を計算しようとすると，再び $\bm{k}_f$ の波動関数が問題になる．しかしよく見ると 1 光子吸収断面積の式 (7.3) と似た表式が含まれていることがわかる．全立体角で積分すれば $\bm{\epsilon}$ と $\bm{v}$ の方向による違いはなくなる．つまり全断面積に対

する行列要素の寄与は等しくなる．$\sigma^{(2,\mathcal{A}^2)}$ は $\sigma^{(1)}$ を使って，

$$\sigma^{(2,\mathcal{A}^2)}(\omega_1,\omega_2) = \frac{2\pi r_e^2 |\epsilon_1 \cdot \epsilon_2|^2}{\alpha} \frac{\omega_1+\omega_2}{\omega_1\omega_2} \sigma^{(1)}(\omega_1+\omega_2) \quad (7.28)$$

と表せる．特に単一の X 線ビームで 2 光子吸収させる場合は $\omega_1 = \omega_2$ として，

$$\sigma^{(2,\mathcal{A}^2)}(\omega,\omega) = \frac{\pi r_e^2}{\alpha\omega} \sigma^{(1)}(2\omega) \quad (7.29)$$

を得る．ただし $2E_1 E_2$ から生じる 4 倍の因子は除いてある．これは束縛された電子として寿命 $1/\omega$ の仮想状態に励起された後，続いて自由電子として散乱されるような形をしている．

(d)　X 線 2 光子吸収分光の可能性

ここで $\boldsymbol{p}\cdot\mathcal{A}$ と $\mathcal{A}^2$ のどちらが直接 2 光子吸収を支配しているかを検討する．前式と式 (7.23) を見ると r_e^2/α と $\sigma_e^{(1)}$ を比べればよいことがわかる．吸収端付近で直接 2 光子吸収させる場合は $\sigma_e^{(1)} \sim 10^{-20}$ cm^2 と見積もれる．これは $r_e^2/\alpha = 1.1\times10^{-23}$ cm^2 より 3 桁程度大きい．大雑把な見積もりではあるが，吸収端付近では $\boldsymbol{p}\cdot\mathcal{A}$ の寄与が支配的と考えられる．ただし水素の直接 2 光子吸収では 6.8 keV 以上で $\mathcal{A}^2$ の寄与が強くなるという数値計算がある [76]．水素の吸収端が $\mathcal{E}_K = 13.6$ eV なので超閾イオン化 (ATI, above-threshold ionization) の話しになる．

式 (7.24) からわかるように $\boldsymbol{p}\cdot\mathcal{A}$ による直接 2 光子吸収でも双極子遷移が主要である．双極子遷移が 2 回起こるので同じパリティの状態間で 2 光子吸収が許される．例えば 3d 遷移金属では 2 光子吸収で 1s→3d 励起が見えると期待される．一方で式 (7.3) の 1 光子吸収では双極子遷移は 1 回だけである．このため 1 光子吸収ではパリティが異なる 1s→4p 励起が主要になる．実際には高次の 4 重極子遷移や対称性の影響で 1 光子吸収でも弱い 1s→3d 励起が見える場合がある．それでも 2 光子吸収分光が実現すれば 1s→4p 励起に邪魔されずに高感度で 3d 電子を調べられるかもしれない．

7.4.2　ゲルマニウムの直接 2 光子吸収実験

直接 2 光子吸収の実験も SACLA にて行った [22]．K 殻 DCH の実験と同様に 2 光子吸収した後に試料が放射する蛍光 X 線を測定した．蛍光 X 線に対す

るスペクトロメータや検出器の効率などを検討して試料にはゲルマニウムを選んだ．励起 X 線はゲルマニウムの K 吸収端 (11.103 keV) の半分より少し高い 5.6 keV にした．高次高調波はミラーを使って低く抑えた．高次高調波が残っていると 1 光子吸収で蛍光 X 線が出るためである．

7.4.1 項 (a) の見積りから逐次的な 2 光子吸収に比べて 4 桁程度はピーク強度を上げる必要がある．そこで 4.2.3 項で紹介した 2 段集光装置 [19] を使って 110×140 nm^2 まで集光した．パルスエネルギーが 20 μJ のときの強度は 4×10^{19} W/cm^2 に達する．強度の曖昧さを避けるためにレーリー長の 2 倍より試料が薄い方がよい．実験前に 100 nm の集光径を想定してレーリー長を 35 μm と見積もった．そして試料は 50 μm 厚の薄板状に加工した．ゲルマニウムの侵入長は 5.6 keV で 10.4 μm [4] なので透過することはない．クリプトンのようなガスと違ってゲルマニウム板には 1 ショットで穴があいてしまう．そこで無傷の面で測定できるように常に移動させておいた．

蛍光 X 線の測定も K 殻 DCH の実験と同様に図 4.7(c) の走査型スペクトロメータを用いた．これには Si111 反射をヨハンソン配置で使った．取り込み立体角は 5.0×10^{-3} sr である．スペクトルは不要なのでスペクトロメータはゲルマニウムの Kα 線 (9.886 keV) に固定した．それでも散乱された 5.6 keV の X 線が検出器に届いてしまう．直接 2 光子吸収の信号は非常に弱いので 2 つを切り分けなければならない．そこで MPCCD [21] を検出器として用いた．4.3.1 項 (b) で説明したように CCD カメラの光子エネルギー分解能を利用して散乱線と Kα 線を分離できるからである．

図 7.8(a) に MPCCD の各ピクセルから読み出した値の度数分布を示す．カウントレートが 1 より十分小さいので度数分布をスペクトルと見なせる．ピクセルの値から光子エネルギーへの変換係数は別途測定した Kα 線で較正した．図で原点のピークは X 線光子が検出されなかったピクセル数に対応する．このピークの幅は 1.8 keV（半値全幅）で，光子エネルギー分解能に相当する．10 keV 付近に測定したい Kα 線のピークが見られる．2 つのピークの間に 5.6 keV の散乱 X 線と思われる寄与がある．そこで 8.1 keV 以上を Kα 線として解析した．

Kα 線が直接 2 光子吸収によるかどうかを判断するために強度依存性が必要である．前節のクリプトンの実験と同様に SASE のパルスエネルギー揺らぎを

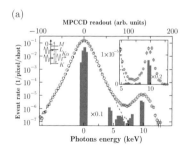
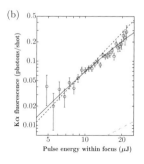

図 **7.8** ゲルマニウムの直接 2 光子吸収実験 [22]．(a)MPCCD で測定された分光後の X 線スペクトル（白丸）．破線はノイズスペクトル．縦棒はノイズスペクトルを分離したもの．(b)Kα 線強度のパルスエネルギー依存性．破線は 2 乗の依存性．実線は電子配置ダイナミクスを取り込んだシミュレーション．

利用して図 7.8(b) の強度依存性を得た [15]．グラフを見るとほぼパルスエネルギーの 2 乗に比例している．Kα 線が 2 光子吸収過程に起因することがわかる．

ところで 1 ショットで同じピクセルに 5.6 keV の光子が 2 つ入る（パイルアップする）と Kα 線と区別できなくなる．これも "2 光子" 過程なので 2 乗の依存性を示す．しかし図 7.8(a) で 5.6 keV 付近の値がでる確率は 10^{-5} 以下である．つまり 2 光子が同一ピクセルに入る確率は 10^{-10} 以下と見積もれる．この確率は測定された 10 keV のピークよりはるかに低い．したがってパイルアップの可能性はない．

7.4.3 電子配置ダイナミクスのシミュレーション

図 7.8(b) をよく見ると高パルスエネルギー側の測定点が 2 乗の予測を下回っていることに気づく．これは DCH 生成で議論した内殻励起状態との相互作用が顕著になった実例である．

5.6 keV でもゲルマニウムの L 殻 ($\mathcal{E}_{L_{1,2,3}}$ = 1.415, 1.248, 1.217 keV) はイオン化できる．L 殻にホールができると K 吸収端が 11.2 keV より高くなる．L 殻からの遮蔽が弱まるためである．このため L 殻にホールがある状態 (L^{-1}) は直接 2 光子吸収に参加できない [16]．L^{-1} 状態はオージェ過程によりすぐに緩

---

[15] このため画像を積算できない．データ量の少ない筆者らの測定でも最近は 10 TB を超えてしまう．効率的なプログラムを書けないとデータ解析もままならない．
[16] 色々な殻にホールがある状態を扱うために L^{-1} などと記す．前節の K 殻の SCH や DCH 状態は K^{-1} や K^{-2} と書ける．

和して M 殻に 2 つホールがある状態 (M^{-2}) に移る．M^{-2} 状態の K 吸収端は 11.2 keV 以下なので再び直接 2 光子吸収できるようになる．高強度なので L^{-1} 状態が緩和する前に L 殻や M 殻が光イオン化される可能性もある．

直接 2 光子吸収と並行して起こりえる緩和と光イオン化の概略を図 7.9(a) に示す．これらすべての過程を考慮しないと図 7.8(b) のパルスエネルギー依存性は説明できない．そこで式 (7.8) のようなレート方程式をすべての状態に対して解くことになる．例えばある状態 i に着目すると，

$$\frac{dn_i(t)}{dt} = \sum_j \left\{\sigma^{(1)}_{j \to i} \mathcal{F}(t) + \frac{1}{\tau_{j \to i}}\right\} n_j(t) - \sum_k \left\{\sigma^{(1)}_{i \to k} \mathcal{F}(t) + \frac{1}{\tau_{i \to k}}\right\} n_i(t) \tag{7.30}$$

のような一般形で書ける．最初の和は光イオン化と緩和過程により他の状態から n_i に移ることを表す．また 2 つ目の和は同様の過程により n_i が減少する効果を表す．当然 i から移る過程が存在しない j や k が多数ある．

このレート方程式は一般に非常に多くの状態を含む．このため 7.3.2 項のように解析的に調べられない．代わりに数値計算によるシミュレーションを行う．例えば上田らのキセノンの多光子吸収のシミュレーションでは約 2×10^7 本のレート方程式をモンテカルロ (Monte Carlo) 法で解いている [58]．この実験では最終生成物の多価イオンを測定している．実験との比較には多光子吸収とオージェ過程のカスケードを最後まで計算しなければならない．今の場合は直接 2 光子吸収による蛍光 X 線を見ているので X 線パルス内だけで計算すればよい．

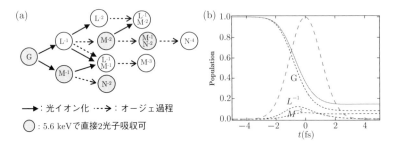

図 **7.9** ゲルマニウムの電子配置ダイナミクス．(a)5.6 keV の励起で直接 2 光子吸収と並行して起こる過程の概略図．蛍光過程は無視できる．K 殻の束縛エネルギーによって直接 2 光子吸収できる状態とできない状態に分かれる．(b) パルスエネルギーが 20 μJ のときのシミュレーション結果 [22]．破線は X 線のパルス波形．実線は直接 2 光子吸収できる状態の割合．点線はそれぞれの状態の割合．

つまり始めの 10 fs 程度で計算を打ち切れる．同じ理由で 2 光子吸収できないような多価状態になったら，その先を計算しなくてよい．このような考察を反映するとレート方程式はかなり簡略化できる．レート方程式のサイズが小さくなればルンゲ・クッタ (Runge-Kutta) 法で解ける．

強度が 1 番強い条件でシミュレーションした例を図 7.9(b) に示す．吸収断面積や寿命の計算にはコーワン (R.Cowan) のコード [17] を使った [78]．これは孤立原子用なのでシミュレーションは固体の効果を無視している．まずパルスの始まりで中性状態 (G) が急激に減少する．主に光イオン化により L^{-1} 状態が作られるためである．G と L^{-1} の和が 1 より少ないのは L^{-1} 状態が他の状態へ緩和するためである．直接 2 光子吸収できる状態の割合はパルスの終わりまでにかなり減っている．

7.4.4 パルスエネルギー依存性の解釈

図 7.9(b) のような時間発展がわかれば直接 2 光子吸収のパルスエネルギー依存性を計算できる．このとき M^{-1} や M^{-2} といった状態の直接 2 光子吸収断面積が必要になる．しかしゲルマニウムでは M 殻は外殻になるので，吸収端から離れればホール生成による $\sigma^{(2)}$ の変化は小さいと考えられる．参考までに 11.2 keV での K 殻の 1 光子吸収断面積を表 7.2 に示す．M 殻にホールが 2 個あっても断面積の違いは 1% 以下である．そこで 5.6 keV 励起の直接 2 光子吸収断面積 $\sigma^{(2)}$ も外殻のホールの数に依存しないと仮定して解析する．

この仮定によりパルスエネルギー依存性を再現するのに必要な未知のパラメータは $\sigma^{(2)}$ だけになる．シミュレーションを実験データにフィッティングしたものが図 7.8(b) の実線である．高パルスエネルギー側で 2 乗の依存性からずれて抑制される様子が再現できている．最適なフィッティングパラメータは $\sigma^{(2)} = 6.4 \times 10^{-60}$ cm^{4}s であった．式 (7.26) で見積もると $\sigma^{(2)} = 1.0 \times 10^{-59}$ cm^{4}s となり実験結果と同程度になっている．ただし波長 170 nm での水素の断面積 $\sigma^{(2)} = 1.2 \times 10^{-50}$ cm^{4}s [75] とゲルマニウムでの補正 $\xi(32) = 0.91$ [74] を使った．

---

[17] コーワンのコードはフリーで手に入るが使うには知識がいる．簡単な計算は http://aphysics2.lanl.gov/tempweb/lanl/ でできる．その他の情報は https://www-amdis.iaea.org/index.php から得られる．FAC [77] は比較的使いやすい．

7.4.5 基底状態の直接 2 光子吸収分光

残念ながら上の解析法は 7.4.1 項 (d) で考えた吸収端近傍の直接 2 光子吸収分光には使えない．一般に X 線の分光測定は 1 eV 程度かそれ以下の光子エネルギー分解能で行われる．一方で K 殻の束縛エネルギー $\mathcal{E}_K$ はホールある軌道や数によって表 7.2 のように数 10 eV 程度変化する．図 7.9(b) のような条件で直接 2 光子吸収分光をすると形の異なる様々な吸収スペクトルが重畳する．

X 線の分光や散乱では試料の基底状態を測定するのが目的となる．これが可能な条件を簡単に考えてみる．試料の全 1 光子吸収断面積を $\sigma_{\rm tot}^{(1)}$ とする．例えば K 殻の直接 2 光子吸収分光なら $\sigma_{\rm tot}^{(1)}$ は L 殻の吸収断面積でほぼ決まる．この試料に光子数 $N_{\rm p}$ を含むビーム断面積 A の X 線パルスを照射する．このときパルスの終了までに原子が 1 光子を吸収する確率は，

$$\eta = \sigma_{\rm tot}^{(1)} N_{\rm p}/A \tag{7.31}$$

で与えられる．$\eta \geq 1$ では 1 パルスですべての原子が励起されてしまう．つまり基底状態の測定は困難になる．したがって $\eta \ll 1$ が必要条件となる．直接 2 光子吸収を測るにはなるべく高強度の X 線が必要になるので η の値を見極める必要がある．

表 7.2 基底状態と M 殻にホールがあるいくつかの状態のゲルマニウムの 11.2 keV での K 殻の吸収断面積 $\sigma_{\rm K}^{(1)}$ と K 殻束縛エネルギー $\mathcal{E}_K$ の計算値 [78]．

状態	電子配置	$\sigma_{\rm K}^{(1)}$ (10^{-20} cm^2)	$\mathcal{E}_K$ (keV)
G		2.0170	11.131
M^{-1}	3s^{-1}	2.0202	11.161
	3d^{-1}	2.0171	11.155
M^{-2}	3s^{-2}	2.0209	11.193
	3d^{-2}	2.0155	11.183

7.5 吸収の飽和と増大

直接 2 光子吸収で見たように高強度の X 線では電子状態がパルス内で変化する効果が無視できない．これは吸収過程で様々な形で現れる．この節ではそれらおよび関連する現象について紹介する．

7.5.1 可飽和吸収

図 7.9 で調べたように高強度の X 線が照射されるとフェムト秒で基底状態の原子が減少していく．直接 2 光子吸収が抑制されたのと同じ理由で吸収端の高光子エネルギー側で 1 光子吸収も減少する．もし X 線が十分に強ければ ($\eta \gg 1$) 吸収可能な状態の原子がなくなり試料は透明になる．これを可飽和吸収 (saturable absorption) と呼ぶ [18]．

X 線の可飽和吸収は，米田 (H.Yoneda) らが SACLA で最初に観測している [79]．その後 LCLS でもアルミニウムで報告されている [80]．SACLA の実験では 2 段集光装置 [19] を使って 10^{20} W/cm^2 まで強くしている．このとき鉄の K 吸収端 (7.112 keV) 直上の 7.13 keV の透過率が 10 倍になっている．

可飽和吸収が起こっている時間は内殻励起された状態の寿命で決まる．これは超高速のシャッターとして機能する．例えば鉄の K^{-1} 状態の寿命は 0.53 fs と短い．可飽和吸収を使うことでフェムト秒の X 線パルスからアト秒 (attosecond, 1 as=10^{-18} s) パルスを生成できるという．

7.5.2 X 線レーザー

可飽和吸収が起こるような状況では多くの原子は内殻ホール状態（例えば K^{-1} 状態）にある．この瞬間は蛍光 X 線を放出して緩和する先の状態（例えば L^{-1} 状態）の原子はいない．つまり反転分布が生じている．ここに蛍光と同じ光子エネルギーの X 線を照射すれば誘導放出を起こしてレーザー発振させられる．

X 線領域ではどの原子でも原理的に反転分布を作れる．一方で可視光領域では反転分布の生成条件を満たす 3 準位系や 4 準位系が必要になる．この違いは X 線の大きな光子エネルギーによる．X 線では光イオン化で電子を連続状態に励起できる．連続状態に励起された電子はほぼ自由なのでイオンと分離して考えられる．そして蛍光 X 線を出しても基底状態には戻らない．このため X 線領域では非共鳴で反転分布を直接生成できる．

原子を使ったレーザーは，まず軟 X 線領域でネオンを使ってローリンガー (N.Rohringer) らによって実現された [81]．X 線領域では米田らにより SACLA で銅の Kα 線で実現されている [82]．原子による X 線レーザーを実現するうえで困難な点は内殻ホール状態の寿命が 0.1 ～ 1 fs と短いことである．このため

---

[18] frustrated absorption や X-ray induced transparency とも呼ばれる．

X線自由電子レーザーの短パルスで強力なX線が必要になる．蛍光X線の光子エネルギーが高くなるに従って内殻ホールの寿命は短くなる．高光子エネルギーでは非常に高強度の励起X線が必要になる．

X線自由電子レーザー励起のX線レーザーに意味がないように思えるかもしれない．しかしSASEには図4.2(b)や図7.5(a)で見たようなスパイク構造を時間・周波数領域でもつという欠点がある．X線自由電子レーザーを励起光源として使うことでX線レーザーの質を改善できると期待されている．

7.5.3 共鳴による吸収増大

高強度のX線でいつも吸収が抑制されるとは限らない．電子配置が変わることで新しい吸収チャンネルが開く場合がある．そのような現象がキセノンの光イオン化で観測されている [83]．この実験ではLCLSの1.5 keVのビームを集光して10^{17} W/cm^{2}まで強度を上げている．このときXe^{36+}という多価のイオンが観測されている．一方でレート方程式によるシミュレーションではXe^{27+}が最高価数であった．しかも2.0 keVでの観測結果は同じ計算コードで良く再現できている．

1.5 keV励起での理論と実験のズレは式(7.30)に含まれない過程が起こるためと考えられている．今まではX線を吸収する過程として光イオン化だけを考えてきた．この取扱いでは電子の束縛エネルギーが大きくなって連続状態まで上げれなくなると光イオン化は終了する[19]．1.5 keVでは27価に相当する．ところが実際は連続状態の下にはリュードベリ状態がある．光子エネルギーがリュードベリ状態への励起エネルギーに一致すれば共鳴励起できる．多電子励起されたリュードベリ状態からは自動イオン化やオージェ過程が起こるので価数が上がる．1.5 keVではこの条件が満たされてシミュレーションより高い価数が観測されたと考えられている．

---

[19] 直接2光子吸収は無視している．

第8章 X線非線形光学の展望

本書を締めくくるにあたって，今見えている範囲でX線の非線形光学の展望をまとめたい．

8.1 既知の未踏領域

X線領域の非線形光学の研究でも可視光領域と同様に強度が重要なパラメータとなる．強度はX線パルスのエネルギー，時間幅，ビームサイズで決まる．これらの値によって引き起こされる現象や測定できるものが決まる．これについて図8.1を用いて議論していく．光源の性能で決まるパルスエネルギーとパルス幅を縦軸と横軸にとる．現在のLCLSとSACLAの性能は図に示したようにピークパワーで100 GW程度のところにある．LCLSの方がパルスエネルギーが高く，SACLAの方がパルス幅が短い．

8.1.1 "明るい"未来

LCLSもSACLAも初発振以来その性能は向上し続けている．例えばSACLAでは発振当初は10 keVでのパルスエネルギーが100 μJ 程度であったものが2016年4月には600 μJ に達している．今後もLCLSとSACLAの性能が向上すると期待して間違いない．さらに2つの経験を反映した新しいX線自由電子レーザー施設，European XFEL（独），SwissFEL（スイス），PAL-XFEL（韓国）が建設中で，LCLS-IIへのアップグレードも計画されている．中長期的には図8.1の広い領域が利用可能になると考えられる．

すでに何度か述べたようにSASE方式のX線自由電子レーザーではバンド幅が広い．このビームを単色化するとパルスエネルギーが低くなってしまう．こ

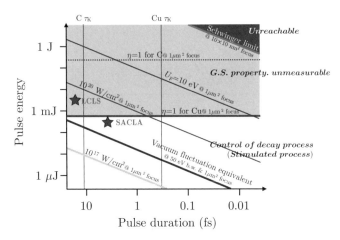

図 8.1 パルスの時間幅とエネルギーのマップ．高強度 X 線に関係する物理現象をプロットしてある．光子エネルギーは 10 keV で評価した．

のため非線形現象を使った分光法や散乱過程はあまり研究されていない．代わりに第 7 章で見たように広いバンド幅でも実験できる吸収過程が主に調べられてきた．これから光源性能が向上してくればバンド幅 1 eV の単色ビームで非線形現象が使えるようになっていく．そのときには第 5 章や第 6 章で見てきたような非線形な散乱過程を使った応用研究が広がると期待される．

また 3 次高調波発生や光カー効果 (optical Kerr effect) や非線形なラマン過程といった 3 次の非線形過程の初観測も待たれている．これには 4.1.2 項 (b) で紹介した 2 色発振が利用できる．理論的にも 3 次の非線形分極率については理解が不十分で研究が必要である．

8.1.2 X 線の量子光学

5.3.3 項の X 線パラメトリック下方変換以外にも核共鳴準位を使って X 線の量子光学が研究されている．核共鳴は原子核のスピン励起に対応している．例えば鉄の同位体の ^{57}Fe では 14.4 keV に 4.7 neV の線幅の共鳴準位がある．これを共振器の中に入れることで集団的ラムシフト (collective Lamb shift) や超放射 (superradiance) が観測されている [84]．同様の共振器を使って電磁誘導透明化 (EIT, electromagnetically induced transparency) の実験もされている [85]．これらは共振器を使った 1 光子の実験である．高強度の X 線自由電子レーザー

を使えば，核共鳴準位を同時に多数励起するような実験もできると期待されている．なお軟X線領域ではネオンで電磁誘導透明化が観測されている [86]．

8.1.3 基底状態を測定できる限界

X線の密度が上がってくるとパルス内で多くの原子が励起されるようになる．このとき図7.9のように試料中に様々な励起状態の原子が混在することになる．このような状況を避けないと試料の基底状態は測定できない．その目安が式(7.31)で議論した$\eta=1$になる．銅と炭素の場合で10 keVのX線を$1\ \mu m^2$まで集光したときに$\eta=1$となる線を図8.1に示してある．炭素のような軽元素の吸収端は10 keVからかなり離れているので$\sigma^{(1)}_{tot}$が小さい．このため炭素は銅に比べて$\eta=1$まで相当余裕がある．いずれにしても基底状態を測定するためには少なくとも$\eta=1$より十分下側で実験しなければならない．これ以外にもパルス幅が数10 fsと長くなってくると低いパルスエネルギーでも放射線損傷が見える可能性が出てくる．試料の基底状態を測定したいときには多方面から検討しなければならない．

一方で$\eta\sim1$の領域は第7章で見たようにX線自由電子レーザーの発振当初から精力的に研究されている．これまでに$\eta\sim1$での原子，分子，クラスターにおける緩和ダイナミクスはかなり理解が進んできている．今後は$\eta>1$での物理現象を活用した新しい計測法も研究対象となると思われる．そのような提案として高強度でのMAD(multi-wavelength anomalous dispersion)法[1]がある [87]．

8.1.4 誘導過程が可能な強度

量子論的な描像では励起状態の原子が電磁波を放射するのはゼロ点振動のためである．これより強いX線があれば7.5.2項のX線レーザーのように放射過程を制御できる．ゼロ点振動の強度を与える式(6.43)を角周波数で書き直すと，

$$I_{vac} = \frac{\hbar\omega^3}{2\pi^2 c^2}d\omega \tag{8.1}$$

となる．X線で考えるので$n=1$とした．ここではX線自由電子レーザーの光子エネルギー10 keVでバンド幅50 eVの場合で検討してみる．この条件で

---
[1] 異常分散補正を利用した位相決定法の1つ．タンパク質の結晶構造解析で使われる．

のゼロ点振動を見積もると $I_{\mathrm{vac}} = 1.6 \times 10^{18}$ W/cm^2 になる．これは 160 μJ で 10 fs の X 線パルスを 1 μm^2 まで集光した強度に匹敵する．50 eV 幅の 10 keV のビームを 1 μm^2 まで集光したときにゼロ点振動と同等の強度になる線を図に書き込んである．すでに LCLS や SACLA の性能はゼロ点振動の線より上にある．そして例えば銅に対して誘導過程が可能で $\eta < 1$ の領域が存在する．ただし分光測定によっては図の右側を使えない場合がある．入射 X 線で 1 eV の分解能を出そうとするとパルス幅は 1.8 fs より長くなるためである[2]．

本書の執筆時点では誘導過程を使った実験報告は 7.5.2 項の X 線レーザーぐらいで限られている．しかし国際会議では盛んに議論されていて進展が期待される．特に誘導ラマン散乱といった応用上興味深い分光法が実現できるので楽しみである．

8.1.5 ポンデロモーティブエネルギー

高強度の電磁場と電子の相互作用に関してポンデロモーティブ (ponderomotive) エネルギーについて触れておく．これは赤外レーザーを使った高次高調波やアト秒パルスの発生に関係する重要な量である．ポンデロモーティブエネルギーは交代電場中での荷電粒子の運動エネルギーに相当する．電子の場合は，

$$U_{\mathrm{p}} = \frac{e^2 E_0^2}{4m\omega^2} \tag{8.2}$$

で与えられる．原子のイオン化エネルギー (10 eV 程度) と U_{p} が等しくなる強度は 10^{22} W/cm^2 程度と非常に高くなる．1 μm^2 集光を仮定して，図に $U_{\mathrm{p}} = 10$ eV になる線を記入しておく．X 線は周波数が高いので同じ強度でも赤外光に比べて U_{p} は小さい．

8.1.6 シュウィンガー極限

5.1.5 項で議論したように磁場の影響を無視すればシュウィンガー極限が最高強度を与える．その強度は式 (5.17) より $I_{\mathrm{QED}} = 9.2 \times 10^{29}$ W/cm^2 である．図に示すように仮に 10 nm という高度な集光が実現できても現在よりはるかに高いピークパワーが必要になる．この強度を達成できれば量子電磁力学的な真空が崩壊して電子と陽電子が生成されると期待されている．この線より上側は技

---
[2] 付録 A.2.3 項を参照のこと．

術的な進歩だけでは到達できない領域と考えられる．X線レーザーでシュウィンガー極限を目指すことは1つの大きな目標となっている [88]．

8.2 真空の非線形光学

図2.4(b) のように真空が仮想的に分極することでトムソン散乱が起こる．仮想的な分極が可能なことで，シュウィンガー極限までいかなくても真空には非線形性，複屈折性，2色性 (dichroism) などが現れる．また真空の非線形光学は"真空"そのものの研究という側面もある[3]．

8.2.1 光子-光子散乱

これまで本書では電磁波に対して重ね合わせの原理を暗黙のうちに仮定してきた．しかし厳密に言えば正しくない．実は量子電磁力学の範囲で光子と光子は散乱する．そのような光子-光子散乱を与えるファインマン図を図8.2(a)に示す．この散乱過程では中間状態で電子-陽電子対が生じている．

光子エネルギーが mc^2 より十分小さい場合に，同じ直線偏光の光子どうしが散乱される微分散乱断面積は，

$$\frac{d\sigma_{\gamma\gamma \to \gamma\gamma}}{d\Omega} = \frac{\alpha^4 \omega_{\text{CMS}}^6}{(180\pi)^2 m^8} \left(260\cos^4\Theta_{\text{CMS}} + 328\cos^2\Theta_{\text{CMS}} + 580\right) \quad (8.3)$$

で与えられる [89, 90]．$\hbar\omega_{\text{CMS}}$ は重心系での光子エネルギー，Θ_{CMS} は重心系で

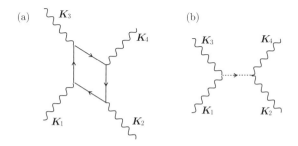

図 8.2 光子-光子散乱を与えるファインマン図．(K_1, K_2) から (K_3, K_4) に散乱される．(a) 量子電磁力学の範囲での散乱過程．(b) 未発見の素粒子を介した散乱過程の例 (Sチャンネル)．

---
[3] 真空に関する物理は本シリーズ7巻の浅井祥仁，"LHCの物理"を参照のこと．

の散乱角である．上式を見ると角周波数の 6 乗で微分散乱断面積が大きくなることがわかる．つまり可視光 (1 eV) から X 線 (10 keV) にするだけで 24 桁得するわけである．これが X 線を使う理由の 1 つである．

もう 1 点興味深い話は図 8.2(b) のような散乱過程が「ない」とは言えないことである．これには素粒子論の標準模型 (standard model) を超えた枠組で予想される未発見の素粒子が関与する．そのような素粒子として例えばアクシオン (Axion) が考えられている．2 光子の重心系のエネルギーとアクシオンの質量が等しければ共鳴効果により $\sigma_{\gamma\gamma \to \gamma\gamma}$ が増大する可能性も指摘されている．アクシオンは暗黒物質 (dark matter) の 1 つの候補と考えられており，興味深いテーマである．

8.2.2 光子-光子散乱実験

X 線領域での光子-光子散乱実験は浅井 (S.Asai) らと SACLA で行った [91]．その実験配置を図 8.3(a) に示す．最後に X 線どうしを衝突させるために図 8.3(b) のようなコライダー結晶を製作した．これはほぼ完全なシリコン単結晶から切り出したものである．0.6 mm 厚の 2 つの薄刃の部分で図 3.6(b) のラウエケースの反射を起こさせる．反射-反射 (RR) のビームと透過-反射 (TR) のビームが図の

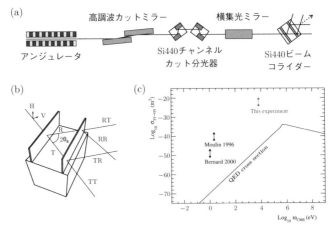

図 **8.3** 光子-光子散乱実験．(a) 実験配置の模式図．(b,c) コライダー結晶の拡大図と実験結果 [91]．

ように衝突する．このような光学素子は X 線干渉計に使われてきた[4]．その動作原理から 2 つのビームの交差は時空間で Å の精度で保証されている．反射面は (440) で 10.985 keV でブラッグ角が 36 度になる．このとき $\hbar\omega_{\mathrm{CMS}} = 6.5$ keV になる．

バンド幅の広い X 線自由電子レーザーのビームをコライダー結晶に直接入射すると，散乱 X 線が大量に発生する．最初の刃で分光してしまうためである．これは図 4.5(b) を見ると理解できる．そこで同じ反射面をもつ結晶を使って，十分離れたところでビームを分光しておいた．これには溝を切った（チャンネルカット，channel-cut）結晶[5]を使った．2 つ目のチャンネルカット結晶は光軸を元に戻すためである．分光後のビームは水平面内で集光して衝突点での強度を上げた．垂直面内の集光はコライダー結晶のブラッグ条件に影響するので使わなかった．デュモンド図上でコライダー結晶に合わせてビームを整形にしても散乱 X 線（コンプトン散乱）が発生する．そこでコンプトン散乱をシミュレーションして，コライダー結晶周辺の遮蔽は入念に設計された．

こうして行われた 2013 年の実験では光子-光子散乱が予想される領域に 1 光子も観測されなかった．そして散乱断面積の上限として，

$$\sigma_{\gamma\gamma\to\gamma\gamma} < 1.7 \times 10^{-24} \text{ m}^2 \tag{8.4}$$

が決められた．これは図 8.3(c) に示すように X 線領域で初めてつけられた上限である．量子電磁力学の予測を確認するには，まだ 20 桁程度は感度を改善しなければならない．

光子-光子散乱以外にも真空の複屈折が予言されている [92]．これを実証するには偏光の微小な変化を測定する必要がある．このため 3.3.8 項のブラッグ角 45 度を利用した消光比 10^{-10} 台の偏光子が開発されている [93]．真空の非線形光学は今後の進展が楽しみなテーマである．

---

[4] 干渉計として使うには 3 枚目の刃が必要．ラウエケースを 3 回使うので LLL 型と呼ばれる．
[5] 単結晶から加工するので 2 つの反射面は完全に平行になる．

付録

A.1 単位系について

本書では理論的な計算はガウス系で行い，実験等は MKSA 系に準じて記した．ここで単位について簡単に記しておく．この点は文献 A1 や C1 に詳しい．

ガウス系では電場と磁場はベクトルポテンシャルを長さで割ったものである．つまり 2 つの単位は同じで，

$$[\mathcal{E}] = [\mathcal{B}] = \mathrm{statV/cm} = \mathrm{statC/cm^2} = \mathrm{gauss} = \mathrm{erg}^{\frac{1}{2}}/\mathrm{cm}^{\frac{3}{2}}$$

である．本書でガウス系と MKSA 系の間の混乱が起こるとしたら電場と電荷の次元である．これは見返しの表のように (エネルギー)=(電荷)×(電位) としたときの分け方の違いに現れる．表を使えば式 (2.71) で $[e^2/m\omega^2] = \mathrm{cm}^3$ がわかる．あるいは式 (3.8) より強度 1 $\mathrm{TW/cm^2}(= 10^{19}~\mathrm{erg/cm^2 s})$ の電場は $9.2 \times 10^4~\mathrm{statV/cm}(= 2.7 \times 10^9~\mathrm{V/m})$ と計算できる．

A.2 フーリエ変換

A.2.1 フーリエ変換の定義

空間-波数空間と時間-角周波数のフーリエ変換を以下のように定義する．

$$\tilde{f}(\boldsymbol{K}) = \mathcal{F}_\mathrm{s}[f(\boldsymbol{r})] = \int f(\boldsymbol{r})\mathrm{e}^{-i\boldsymbol{K}\cdot\boldsymbol{r}}d\boldsymbol{r}$$

$$\Longleftrightarrow f(\boldsymbol{r}) = \mathcal{F}_\mathrm{s}^{-1}[\tilde{f}(\boldsymbol{K})] = \frac{1}{(2\pi)^3}\int \tilde{f}(\boldsymbol{K})\mathrm{e}^{i\boldsymbol{K}\cdot\boldsymbol{r}}d\boldsymbol{K}$$

$$\tilde{g}(\omega) = \mathcal{F}_\mathrm{t}[g(t)] = \int g(t)\mathrm{e}^{i\omega t}dt$$

$$\Longleftrightarrow g(t) = \mathcal{F}_\mathrm{t}^{-1}[\tilde{g}(\omega)] = \frac{1}{2\pi}\int \tilde{g}(\omega)\mathrm{e}^{-i\omega t}d\omega$$

このとき例えば $f(\boldsymbol{r}) = 1$ のフーリエ変換は以下のように 2π がかかる．

$$\int e^{-i\boldsymbol{K}\cdot\boldsymbol{r}} d\boldsymbol{r} = (2\pi)^3 \delta(\boldsymbol{K})$$

A.2.2 畳み込み積分のフーリエ変換

例えば式 (2.7) から式 (2.8) へは畳み込み積分のフーリエ変換をする．$s' = t' - t, s = t$ の変数変換は危ないので行列式（ヤコビアン）を顕わに書いておく．

$$\int \left\{ \int \sigma(t'-t) E(t) dt \right\} e^{i\omega t'} dt' = \iint \sigma(s') e^{i\omega s'} E(s) e^{i\omega s} \begin{vmatrix} \partial t'/\partial s' & \partial t'/\partial s \\ \partial t/\partial s' & \partial t/\partial s \end{vmatrix} ds' ds$$

A.2.3 パルス幅とスペクトル幅の関係

ガウス型の波束でパルス幅とスペクトル幅の関係を求める．中心角周波数が ω_0 で電場が,

$$E(t) = C e^{-\frac{t^2}{\Delta\omega^{-2}}} e^{-i\omega_0 t}$$

と書けるとする．このパルスの時間波形は $I(t) \propto |E(t)|^2$ だからパルス幅は $1/2\Delta\omega$（標準偏差）となる．$E(t)$ をフーリエ変換すると，

$$\tilde{E}(\omega) = A e^{-\frac{(\omega-\omega_0)^2}{4\Delta\omega^2}}$$

となる．このスペクトル $(\propto |\tilde{E}(\omega)|^2)$ の幅は $\Delta\omega$（標準偏差）になる．

時間波形とスペクトルの半値全幅の積は，それぞれ $2\sqrt{2\ln 2}$ 倍して，

$$\hbar \Delta\omega_{\text{fwhm}} \Delta t_{\text{fwhm}} = (4\ln 2)\hbar = 1.82 \text{ eV fs}$$

と定数になる．

A.2.4 線幅と寿命の関係

ローレンツ模型の線幅 Γ と寿命 τ の関係も示しておく．減衰する電場 $E(t) = C e^{-\Gamma t/2} e^{-i\omega_0 t}$ とフーリエ変換 $\tilde{E}(\omega) = Ai/(\omega - \omega_0 + i\Gamma/2)$ から前項と同様に，

$$\hbar \Gamma \tau = \hbar = 0.658 \text{ eV fs}$$

となる．上式は 2.2.8 項の議論からも導ける．

A.3　X線自由電子レーザーを使った研究の概要

X線自由電子レーザーによって本書のテーマであるX線の非線形光学以外にも様々な分野で新しい研究が始まっている．その概要を簡単に紹介する[1]．

X線自由電子レーザーの発振直後から高強度を活かして原子分子の様々な研究が行われている．1つの原子内で起こる多光子過程についてはすでに第7章で議論した．それ以外にも分子やクラスターで高強度X線との相互作用が研究されている．ただし多くの研究は軟X線領域で行われている．

7.2.4項で議論したようにフェムト秒のX線によりプラズマを効率的に生成できる．しかもX線は物質の内部まで侵入するので均一に作れる．これらの特徴を活かして固体密度をもった $1 \sim 100$ 万度 ($1 \sim 100$ eV) 程度の物質 (warm dense matter) の研究が行われている [94]．このような状態は木星のような巨大惑星の核に近いと考えられており，高エネルギー密度科学の重要なテーマの1つである．

X線自由電子レーザーにより 10 fs を下回るような超短パルスが使えるようになった．これによりチタンサファイア (Ti:S) レーザーと組み合わせたフェムト秒のポンププローブ (pump probe) 実験が物理や化学分野で広範囲に行われている．その1つの狙いは光励起した後の非平衡状態のダイナミクスにある．例えば光触媒や太陽電池では光吸収 → 電荷移動 → 化学結合・エネルギー蓄積がフェムト秒で起こる（遅いと熱になって散逸してしまう）．光触媒のモデル物質である Ru-Co 複合体がフェムト秒の X 線発光分光と X 線散乱を使って調べられている [95]．複合体内での電荷移動，Co のスピン状態，分子の構造変化のダイナミクスが明らかにされている．他にもシクロヘキサジエンの開環反応が X 線散乱で調べられ，シミュレーションと比較されている [96]．これはボルン・オッペンハイマー (Born-Oppenheimer) 近似[2]を超えた取扱いが必要になる．さらに化学結合の形成 [97] や切断 [98] まで見え始めている．

---

[1] 編集部の助言により本節を追加した．X線自由電子レーザーを使った論文は続々と出版されており，とてもすべてを紹介できない．最新の成果は各施設のホームページを参照されたい．また LCLS の最初の 5 年間のレビューが C. Bostedt *et al.*, Rev. Mod. Phys. **88**, 015007 (2016) にある．

[2] 電子のエネルギー準位が原子核の位置で決まり，運動によらないと仮定する．同様に光吸収過程で原子核が動かないとするフランク・コンドン (Franck-Condon) 近似も破れる．

物性分野では秩序状態にある系が光励起された後の超高速ダイナミクスが注目されている．温度変化などによる断熱的な相転移と違って，複数の秩序変数が切り離されて異なるダイナミクスをもつ可能性がある．例えば $Pr_{0.5}Ca_{0.5}MnO_3$ では格子，軌道秩序，電荷秩序の時間変化がX線回折で調べられている [99]．また材料分野ではレーザーによる衝撃圧縮の過程がX線回折で明らかにされている [100]．実験データにより分子動力学 (MD, molecular dynamics) シミュレーションの精度を向上させ，材料設計などに役立てるという．

超短パルスX線がもたらしたブレークスルーの1つに放射線損傷の回避がある．これまでタンパク質の結晶構造解析は第3世代放射光施設で広く行われ，構造生物学や創薬などに役立てられてきた．しかし生物系の試料はX線を当て続けて測定すると 7.2.4 項で議論したダメージの問題が現れる．そこで diffract-before-destroy（破壊前回折）法が提唱された [101]．その名の通り試料がダメージを受ける前に測定しようというものである．7.4.3 項で議論したようにフェムト秒で進む電子系のダメージは避けられない．しかし電子系の受けたダメージが構造に現れるまでには多少時間がかかる．それまでにX線パルスが終了すれば構造が変化してしまう前に測定できるわけである [102]．

この成功例として光合成に関わる光化学系 II 複合体 (PSII, Photosystem II) を挙げておく．PSII の酸素発生中心である Mn_4CaO_5 クラスターの構造は 2011 年に初めて SPring-8 で決定された [103]．その後 2014 年に SACLA で破壊前回折実験が行われ，Mn-Mn の距離が 0.1-0.2 Å ほど短いことが判明した [104]．正確な原子間距離は水分解反応を理解し，人工触媒を設計するうえで重要である．

破壊前測定法の考え方は結晶構造解析に限ったものではない．X線に敏感な試料を吸収分光など様々な方法で測定する場合にも適応できる．面白い応用例として超流動ヘリウムの渦糸のイメージングがある [105]．真空中に飛ばした超流動ヘリウムの液滴からのX線散乱を1ショットで撮影する．散乱パターンから渦糸の密度や格子，そしてナノサイズの超流動体の流体力学について調べられている．なお渦糸を見るためにキセノンがドープされている．もちろんX線照射後に液滴は蒸発する．

参考文献

[1] P. Emma et al., Nat. Photonics **4**, 641 (2010).
[2] T. Ishikawa et al., Nat. Photonics **6**, 540 (2012).
[3] W. E. Lamb, R. R. Schlicher, and M. O. Scully, Phys. Rev. A **36**, 2763 (1987).
[4] B. L. Henke, E. M. Gullikson, and J. C. Davis, At. Data Nucl. Data Tables **54**, 181 (1993).
[5] J. A. Armstrong, N. Bloembergen, J. Ducuing, and P. S. Pershan, Phys. Rev. **127**, 1918 (1962).
[6] S. Nakatani and T. Takahashi, Surf. Sci. **311**, 433 (1994).
[7] T. Takahashi and S. Nakatani, Surf. Sci. **326**, 347 (1995).
[8] T. Hara et al., Rev. Sci. Instrum. **73**, 1125 (2002).
[9] T. Tanaka, J. Synchrotron Radiat. **22**, 1319 (2015).
[10] G. Geloni, V. Kocharyan, and E. Saldin, J. Mod. Opt. **58**, 1391 (2011).
[11] J. Amann et al., Nat. Photonics **6**, 693 (2012).
[12] G. Lambert et al., Nat. Phys. **4**, 296 (2008).
[13] T. Hara et al., Nat. Commun. **4**, 2919 (2013).
[14] M. Yabashi et al., Nucl. Instrum. Methods Phys. Res., Sect. A **467–468, Part 1**, 678 (2001).
[15] K. Tamasaku et al., Nucl. Instrum. Methods Phys. Res., Sect. A **467–468, Part 1**, 686 (2001).
[16] H. Mimura et al., Jpn. J. Appl. Phys. **44**, L539 (2005).
[17] P. Kirkpatrick and A. V. Baez, J. Opt. Soc. Am. **38**, 766 (1948).
[18] H. Mimura et al., Nat. Phys. **6**, 122 (2010).
[19] H. Mimura et al., Nat. Commun. **5**, 3539 (2014).
[20] R. Alonso-Mori et al., Rev. Sci. Instrum. **83** (2012).

[21] T. Kameshima *et al.*, Rev. Sci. Instrum. **85**, 033110 (2014).
[22] K. Tamasaku *et al.*, Nat. Photonics **8**, 313 (2014).
[23] I. Ordavo *et al.*, Nucl. Instrum. Methods Phys. Res., Sect. A **654**, 250 (2011).
[24] H. Sumiya and S. Satoh, Diam. Relat. Mater. **5**, 1359 (1996).
[25] K. Tamasaku, T. Ueda, D. Miwa, and T. Ishikawa, J. Phys. D: Appl. Phys. **38**, A61 (2005).
[26] H. Sumiya, K. Harano, and K. Tamasaku, Diam. Relat. Mater. **58**, 221 (2015).
[27] I. Freund and B. F. Levine, Phys. Rev. Lett. **23**, 854 (1969).
[28] P. Eisenberger and S. L. McCall, Phys. Rev. Lett. **26**, 684 (1971).
[29] I. Freund and B. F. Levine, Nuovo Cimento **20B**, 64 (1974).
[30] J. Schwinger, Phys. Rev. **82**, 664 (1951).
[31] A. S. Zolot'ko, A. A. Maǐer, and A. P. Sukhorukov, Sov. J. Quantum Electron. **8**, 1006 (1978).
[32] T. Takahashi, T. Ishikawa, and S. Kikuta, Nucl. Instrum. Methods Phys. Res., Sect. A **246**, 768 (1986).
[33] S. Shwartz *et al.*, Phys. Rev. Lett. **112**, 163901 (2014).
[34] Y. Yoda, T. Suzuki, X.-W. Zhang, K. Hirano, and S. Kikuta, J. Synchrotron Radiat. **5**, 980 (1998).
[35] B. Adams *et al.*, J. Synchrotron Radiat. **7**, 81 (2000).
[36] S. Shwartz *et al.*, Phys. Rev. Lett. **109**, 013602 (2012).
[37] D.-I. Lee and T. Goodson, J. Phys. Chem. B **110**, 25582 (2006).
[38] S. Kawata, Y. Inouye, and P. Verma, Nat. Photonics **3**, 388 (2009).
[39] I. Freund and B. F. Levine, Phys. Rev. Lett. **25**, 1241 (1970).
[40] P. M. Eisenberger and S. L. McCall, Phys. Rev. A **3**, 1145 (1971).
[41] K. Tamasaku, K. Sawada, E. Nishibori, and T. Ishikawa, Nat. Phys. **7**, 705 (2011).
[42] T. E. Glover *et al.*, Nature **488**, 603 (2012).
[43] I. Freund, Chem. Phys. Lett. **12**, 583 (1972).
[44] D. A. Kleinman, Phys. Rev. **174**, 1027 (1968).
[45] H. Danino and I. Freund, Phys. Rev. Lett. **46**, 1127 (1981).

[46] K. Tamasaku and T. Ishikawa, Phys. Rev. Lett. **98**, 244801 (2007).
[47] K. Tamasaku and T. Ishikawa, Acta Crystallogr. Sect. A **63**, 437 (2007).
[48] U. Fano, Phys. Rev. **124**, 1866 (1961).
[49] U. Fano and J. W. Cooper, Rev. Mod. Phys. **40**, 441 (1968).
[50] F. Cerdeira, T. A. Fjeldly, and M. Cardona, Phys. Rev. B **8**, 4734 (1973).
[51] K. Kobayashi, H. Aikawa, S. Katsumoto, and Y. Iye, Phys. Rev. Lett. **88**, 256806 (2002).
[52] P. W. Anderson, Phys. Rev. **124**, 41 (1961).
[53] U. Fano and J. W. Cooper, Phys. Rev. **137**, A1364 (1965).
[54] K. Tamasaku, K. Sawada, and T. Ishikawa, Phys. Rev. Lett. **103**, 254801 (2009).
[55] Y. Mizuno and Y. Ohmura, J. Phys. Soc. Jpn. **22**, 445 (1967).
[56] E. Nishibori *et al.*, Acta Crystallogr. Sect. A **63**, 43 (2007).
[57] L. Young *et al.*, Nature **466**, 56 (2010).
[58] H. Fukuzawa *et al.*, Phys. Rev. Lett. **110**, 173005 (2013).
[59] A. C. Thompson *et al.*, X-ray data booklet, lbnl/pub-490, LBNL Berkeley, http://xdb.lbl.gov, 2001.
[60] M. O. Krause and T. A. Carlson, Phys. Rev. **158**, 18 (1967).
[61] P. L. Bartlett and A. T. Stelbovics, At. Data Nucl. Data Tables **86**, 235 (2004).
[62] S. P. Hau-Riege, Phys. Rev. E **87**, 053102 (2013).
[63] D. S. Whittaker, E. Wagenaars, and G. J. Tallents, Phys. Plasmas **18**, 013105 (2011).
[64] M. H. Chen, B. Crasemann, and H. Mark, Phys. Rev. A **25**, 391 (1982).
[65] J. Niskanen, P. Norman, H. Aksela, and H. Ågren, J. Chem. Phys. **135**, 054310 (2011).
[66] K. Hino, T. Ishihara, F. Shimizu, N. Toshima, and J. H. McGuire, Phys. Rev. A **48**, 1271 (1993).
[67] E. L. Saldin, E. A. Schneidmiller, and M. V. Yurkov, Opt. Commun. **281**, 1179 (2008).
[68] K. Tamasaku *et al.*, Phys. Rev. Lett. **111**, 043001 (2013).
[69] H. Yumoto *et al.*, Nat. Photonics **7**, 43 (2013).

[70] K. Tono et al., New J. Phys **15**, 083035 (2013).

[71] M. O. Krause and J. H. Oliver, J. Phys. Chem. Ref. Data **8**, 329 (1979).

[72] P. Lambropoulos and X. Tang, J. Opt. Soc. Am. B **4**, 821 (1987).

[73] W. Zernik, Phys. Rev. **135**, A51 (1964).

[74] P. Koval, S. Fritzsche, and A. Surzhykov, J. Phys. B: Atom. Mol. Phys. **36**, 873 (2003).

[75] F. T. Chan and C. L. Tang, Phys. Rev. **185**, 42 (1969).

[76] H. R. Varma, M. F. Ciappina, N. Rohringer, and R. Santra, Phys. Rev. A **80**, 053424 (2009).

[77] M. F. Gu, Can. J. Phys. **86**, 675 (2008).

[78] R. D. Cowan, *The Theory of Atomic Structure and Spectra* (Univ. of California Press, 1981).

[79] H. Yoneda et al., Nat. Commun. **5**, 5080 (2014).

[80] D. S. Rackstraw et al., Phys. Rev. Lett. **114**, 015003 (2015).

[81] N. Rohringer et al., Nature **481**, 488 (2012).

[82] H. Yoneda et al., Nature **524**, 446 (2015).

[83] B. Rudek et al., Nat. Photonics **6**, 858 (2012).

[84] R. Röhlsberger, K. Schlage, B. Sahoo, S. Couet, and R. Rüffer, Science **328**, 1248 (2010).

[85] R. Röhlsberger, H.-C. Wille, K. Schlage, and B. Sahoo, Nature **482**, 199 (2012).

[86] T. E. Glover et al., Nat. Phys. **6**, 69 (2010).

[87] S.-K. Son, H. N. Chapman, and R. Santra, Phys. Rev. Lett. **107**, 218102 (2011).

[88] C. D. Roberts, S. M. Schmidt, and D. V. Vinnik, Phys. Rev. Lett. **89**, 153901 (2002).

[89] B. Tollis, Nuovo Cimento **32**, 757 (1964).

[90] B. Tollis, Nuovo Cimento **35**, 1182 (1965).

[91] T. Inada et al., Phys. Lett. B **732**, 356 (2014).

[92] J. J. Klein and B. P. Nigam, Phys. Rev. **135**, B1279 (1964).

[93] B. Marx et al., Phys. Rev. Lett. **110**, 254801 (2013).

[94] S. M. Vinko et al., Nature **482**, 59 (2012).

[95] S. E. Canton *et al.*, Nat. Commun. **6** (2015).
[96] M. P. Minitti *et al.*, Phys. Rev. Lett. **114**, 255501 (2015).
[97] K. H. Kim *et al.*, Nature **518**, 385 (2015).
[98] B. Erk *et al.*, Science **345**, 288 (2014).
[99] P. Beaud *et al.*, Nat Mater **13**, 923 (2014).
[100] D. Milathianaki *et al.*, Science **342**, 220 (2013).
[101] R. Neutze, R. Wouts, D. van der Spoel, E. Weckert, and J. Hajdu, Nature **406**, 752 (2000).
[102] A. Barty *et al.*, Nat. Photonics **6**, 35 (2012).
[103] Y. Umena, K. Kawakami, J.-R. Shen, and N. Kamiya, Nature **473**, 55 (2011).
[104] M. Suga *et al.*, Nature **517**, 99 (2015).
[105] L. F. Gomez *et al.*, Science **345**, 906 (2014).

以下に X 線の非線形光学に役立つ教科書を分野ごとに列記する．

電磁気学

A1 J. D. Jackson, "Classical Electrodynamics (2nd edn.)", John Wiley & Sons (1975).

A2 砂川重信，"理論電磁気学"，紀伊國屋書店 (1999).

量子力学

B1 J. J. サクライ，"現代の量子力学"，吉岡書店 (1989).

B2 L. I. シッフ，"量子力学"，吉岡書店 (1970).

非線形光学

C1 R. W. Boyd, "NONLINEAR OPTICS", Academic Press (2003).

C2 Y. R. Shen, "The Principles of Nonlinear Optics", John Wiley & Sons (2003).

C3 N. Bloembergen, "NONLINEAR OPTICS", World Scientific (1996).

C4 P. N. Butcher, D. Cotter, "The Elements of Nonlinear Optics", Cambridge University Press (1990).

C5 D. L. ミルズ，"非線型光学の基礎"，シュプリンガー・ジャパン (2008).

C6 黒田和男，"非線形光学"，コロナ社 (2008).

C7 B. Adams (編), "Nonlinear Optics, Quantum Optics, and UltraFast Phenomena with X-rays", Kluwer Academic Publishers (2003).

X線光学

D1 菊田惺志, "X線散乱と放射光科学 基礎編", 東京大学出版会 (2011).

D2 J. アルスニールセン, D. マクマロウ, "X線物理の基礎", 講談社サイエンティフィック (2012).

D3 A. Authier, "Dynamical Theory of X-ray Diffraction", Oxford University Press (2001).

D4 波岡武, 山下広順 (編), "X線結像光学", 培風館 (1999).

その他

E1 E. L. Saldin, E. A. Schneidmiller, M. V. Yurkov, "The Physics of Free Electron Lasers", Springer (2000).

E2 J. W. グッドマン, "統計光学", 丸善 (1992).

E3 櫛田孝司, "光物性物理学", 朝倉書店 (1991).

E4 F. Wooten, "OPTICAL PROPERTIES OF SOLIDS", Academic Press (1972).

E5 高柳和夫, "原子・分子物理学", 朝倉書店 (2000).

E6 M.O.Scully, M.S.Zubairy, "Quantum Optics", Cambridge University Press (1997).

E7 松岡正浩, "量子光学", 東京大学出版会 (1996).

索　引

■英数字▶

2 結晶分光器 ……………………… 66
2 光子吸収 ……………………132, 140
2 次電子 ………………………………132
2 波近似 …………………………………56
CCD …………………………………… 72
KB ミラー ……………………………… 67
SACLA ………………………………… 64
SASE …………………………………… 63
SPring-8 ……………………………… 64
X 線自由電子レーザー ……………… 62

■あ▶

アバランシェフォトダイオード …… 71
アンジュレータ ……………………… 60

異常分散補正 ………………………… 20
位相整合 …………………… 85, 88, 101

運動学的回折理論 …………………… 38

オージェ過程 ………………………… 130

■か▶

回折限界 ………………………… 68, 93
可飽和吸収 …………………………… 149
感受率 ………………………………… 55

逆格子 ………………………………… 35
逆格子ベクトル ………………… 35, 38
吸収 ………………………… 20, 50, 126
吸収端 …………………………… 20, 129

吸収断面積 ………… 126, 136, 140–142
強度 ……………………………………… 31
強度相関関数 ………………………… 135

屈折率 …………………………… 49, 56
クーロンゲージ ……………………… 6

蛍光過程 ……………………………… 130
結晶 …………………………………… 34
結晶構造因子 …………………… 36, 40
原子散乱因子 ………………………… 32

光学伝導度 …………………………… 6
格子 …………………………………… 34
格子欠陥 ……………………………… 76
光子-光子散乱 ……………………… 155
格子面 ………………………………… 38
古典電子半径 ………………………… 30
コヒーレンス時間 …………………… 137
コンプトン散乱 ………………108, 114

■さ▶

散乱断面積 ……………… 30, 114, 115
散乱ベクトル …………………… 8, 32

自己シード法 ………………………… 64
視射角 ………………………………… 46
自動イオン化 ………………………… 111
シュウィンガー極限 ………… 81, 154
衝突イオン化 ………………………… 132
消滅則 ………………………………… 41
シンチレーション検出器 …………… 74
振動子強度 …………………………… 19

水素様原子 127, 141
スネルの法則 51

積層欠陥 76
ゼロ点振動 105, 154
全反射 49, 51
全反射ミラー 51

双極子近似 17

■た▶

第 2 高調波 2, 81, 87
ダイヤモンド 74
ダイヤモンド型構造 40
ダーウィン幅 48
ダーウィン理論 42
多層膜ミラー 52

蓄積リング 59

デバイ・ワラー因子 38
デュモンド図 66, 76
転位線 76
電流密度 6, 11, 16

動力学的回折理論 41
トポグラフ 76
トムソン散乱 4, 26, 31

■は▶

配置間相互作用 111
波動方程式 53, 83, 99
パラメトリック下方変換 88, 98

光イオン化 111, 127
光整流 2
微細構造定数 3
非線形回折 87, 107
非線形感受率 84, 100
非線形電流密度 10, 23
非線形分極率 10, 24, 80, 98

非対称反射 41, 75

ファインマン図 25, 155
ファノ効果 110
フェルミの黄金則 112, 127
フォトダイオード 71
フォンハーモス型 69
複屈折 58
ブラッグ反射 41
フーリエ変換 7, 159
ブリュースター角 48
分極率 9, 16
分光器 65
分散 7
分散型スペクトロメータ 69
分散面 57

ベクトルポテンシャル 5
偏光 6
偏光因子 43, 80

ボーア半径 3
ポインティングベクトル 31
ボルン近似 29
ポンデロモーティブエネルギー .. 154

■ま▶

マクスウェル方程式 53

■や▶

ヨハン型 71
ヨハンソン型 71

■ら▶

ラウエ関数 37
ラウエ理論 52
ラマン散乱 117

流束密度 127
リュードベリ状態 111

レート方程式 ……………………134, 146
レーリー長 ………………………………68
連続状態 …………………………………128

ロッキングカーブ ………………………47
ローレンツ因子 …………………………60
ローレンツ変換 …………………………61
ローレンツ模型 ……………………19, 122
ローレンツ力 …………………………28, 63

■わ▶

和周波 ………………………………10, 123

MEMO

MEMO

MEMO

MEMO

MEMO

著者紹介

玉作賢治（たまさく　けんじ）

1996 年　東京大学大学院工学系研究科 物理工学専攻 博士課程修了 博士（工学）
1996 年　理化学研究所 研究員
2005 年　同専任研究員
2009 年　科学技術振興機構さきがけ研究者（兼任）
　　　　（〜2013年）
2014 年　理化学研究所 チームリーダー
専　　門　X線物理
趣　　味　将棋・囲碁

基本法則から読み解く 物理学最前線 14
X線の非線形光学
SPring-8とSACLAで拓く未踏領域

*X-ray Nonlinear Optics
Exploring Frontier with
SPring-8 and SACLA*

2017 年 2 月 15 日　初版 1 刷発行

著　者　玉作賢治 ⓒ 2017
監　修　須藤彰三
　　　　岡　真
発行者　南條光章
発行所　共立出版株式会社
　　　　東京都文京区小日向 4-6-19
　　　　電話　03-3947-2511（代表）
　　　　郵便番号　112-0006
　　　　振替口座　00110-2-57035
　　　　URL http://www.kyoritsu-pub.co.jp/

印　刷
製　本　藤原印刷

一般社団法人
自然科学書協会
会員

検印廃止
NDC 425
ISBN 978-4-320-03534-8

Printed in Japan

JCOPY ＜出版者著作権管理機構委託出版物＞
本書の無断複製は著作権法上での例外を除き禁じられています。複製される場合は，そのつど事前に，出版者著作権管理機構（TEL：03-3513-6969，FAX：03-3513-6979，e-mail：info@jcopy.or.jp）の許諾を得てください。

毎日コツコツ演習！ 1日1題30日でわかる！！

フロー式 物理演習シリーズ

須藤彰三・岡 真 [監修] ／ 全21巻刊行予定

❶ ベクトル解析
―電磁気学を題材にして―
保坂 淳著・・・・・・・・・・140頁・本体2,000円

❷ 複素関数とその応用
―複素平面でみえる物理を理解するために―
佐藤 透著・・・・・・・・・・176頁・本体2,000円

❸ 線形代数
―量子力学を中心にして―
中田 仁著・・・・・・・・・・174頁・本体2,000円

❺ 質点系の力学
―ニュートンの法則から剛体の回転まで―
岡 真著・・・・・・・・・・160頁・本体2,000円

❻ 振動と波動
―身近な普遍的現象を理解するために―
田中秀数著・・・・・・・・・・152頁・本体2,000円

❼ 高校で物理を履修しなかった人のための 熱力学
上羽牧夫著・・・・・・・・・・174頁・本体2,000円

❽ 熱力学
―エントロピーを理解するために―
佐々木一夫著・・・・・・・・192頁・本体2,000円

❿ 量子統計力学
―マクロな現象を量子力学から理解するために―
石原純夫・泉田 渉著 192頁・本体2,000円

⓭ 物質中の電場と磁場
―物性をより深く理解するために―
村上修一著・・・・・・・・・・192頁・本体2,000円

⓰ 弾性体力学
―変形の物理を理解するために―
中島淳一・三浦 哲著 168頁・本体2,000円

【各巻：A5判・並製本・税別本体価格】

⓲ 相対論入門
―時空の対称性の視点から―
中村 純著・・・・・・・・・・182頁・本体2,000円

⓳ シュレディンガー方程式
―基礎からの量子力学攻略―
鈴木克彦著・・・・・・・・・・176頁・本体2,000円

⓴ スピンと角運動量
―量子の世界の回転運動を理解するために―
岡本良治著・・・・・・・・・・160頁・本体2,000円

㉑ 計算物理学
―コンピュータで解く凝縮系の物理―
坂井 徹著・・・・・・・・・・148頁・本体2,000円

＊＊＊＊＊＊＊＊＊＊＊＊＊＊＊＊＊

❹ 高校で物理を履修しなかった人のための 力学
福島孝治著・・・・・・・・・・・・・・・続 刊

❾ 統計力学
川勝年洋著・・・・・・・・・・・・・・・続 刊

⓫ 高校で物理を履修しなかった人のための 電磁気学
須藤彰三著・・・・・・・・・・・・・・・続 刊

⓬ 電磁気学
武藤一雄・岡 真著・・・・・・・・・・続 刊

⓮ 光と波動
須藤彰三著・・・・・・・・・・・・・・・続 刊

⓯ 流体力学
境田太樹著・・・・・・・・・・・・・・・続 刊

⓱ 解析力学
綿村 哲著・・・・・・・・・・・・・・・続 刊

（続刊のテーマ・執筆者は変更される場合がございます）

＊＊＊＊＊＊＊＊＊＊＊＊＊＊＊＊＊

http://www.kyoritsu-pub.co.jp/　**共立出版**　（価格は変更される場合がございます）

https://www.facebook.com/kyoritsu.pub